上海市工程建设规范

钻孔灌注桩施工标准

Standard for construction of bored cast-in-place pile

DG/TJ 08—202—2020

J 11042—2020

主编单位：上海建工集团股份有限公司

华东建筑集团股份有限公司

批准部门：上海市住房和城乡建设管理委员会

施行日期：2021 年 3 月 1 日

同济大学出版社

2021 上海

图书在版编目(CIP)数据

钻孔灌注桩施工标准/上海建工集团股份有限公司，华东建筑集团股份有限公司主编. —上海：同济大学出版社，2021.3(2024.9重印)

ISBN 978-7-5608-9777-6

Ⅰ.①钻… Ⅱ.①上… ②华… Ⅲ.①钻孔灌注桩—工程施工—标准 Ⅳ.①TU753.3-65

中国版本图书馆 CIP 数据核字(2021)第 026179 号

钻孔灌注桩施工标准

上海建工集团股份有限公司
华东建筑集团股份有限公司 主编

策划编辑 张平官
责任编辑 朱 勇
责任校对 徐春莲
封面设计 陈益平

出版发行 同济大学出版社 www.tongjipress.com.cn
(地址:上海市四平路 1239 号 邮编: 200092 电话:021-65985622)
经 销 全国各地新华书店
印 刷 苏州市古得堡数码印刷有限公司
开 本 889mm×1194mm 1/32
印 张 3.25
字 数 87000
版 次 2021 年 3 月第 1 版
印 次 2024 年 9 月第 3 次印刷
书 号 ISBN 978-7-5608-9777-6
定 价 30.00 元

上海市住房和城乡建设管理委员会文件

沪建标定〔2020〕428号

上海市住房和城乡建设管理委员会
关于批准《钻孔灌注桩施工标准》为
上海市工程建设规范的通知

各有关单位：

由上海建工集团股份有限公司和华东建筑集团股份有限公司主编的《钻孔灌注桩施工标准》，经我委审核，现批准为上海市工程建设规范，统一编号为DG/TJ 08—202—2020，自2021年3月1日起实施。原《钻孔灌注桩施工规程》（DG/TJ 08—202—2007）同时废止。

本规范由上海市住房和城乡建设管理委员会负责管理，上海建工集团股份有限公司负责解释。

特此通知。

上海市住房和城乡建设管理委员会

二〇二〇年八月二十日

前　言

根据上海市住房和城乡建设管理委员会《关于印发〈2016 年上海市工程建设规范编制计划〉的通知》(沪建管〔2015〕871 号)的要求,由上海建工集团股份有限公司和华东建筑集团股份有限公司会同有关单位,在上海市工程建设规范《钻孔灌注桩施工规程》DG/TJ 08—202—2007 的基础上修订成本标准。

在修订过程中,编制组对钻孔灌注桩施工全过程做了大量的调研和论证,总结了近年来上海地区钻孔灌注桩施工实践经验,吸纳了钻孔灌注桩新的研究成果,并广泛征求了上海市有关设计、施工等单位的意见,经多次修改完成了本标准的修订。

本标准的主要内容有:总则;术语;基本规定;施工准备;机械设备;成孔;清孔;钢筋笼施工;混凝土施工;后注浆施工;扩底桩施工;立柱桩施工;水上钻孔灌注桩施工;检测与验收;绿色施工;安全管理。

本标准修订的主要技术内容:

1　增加了相关术语,调整并完善了钻孔灌注桩施工的基本规定。

2　对不同成孔工艺、不同扩底工艺以及钢筋笼运输等补充了施工技术要求。

3　新增“施工准备”“机械设备”“后注浆施工”“检测与验收”章节,更加系统全面地给出相关施工技术要求,并对检测与验收的相关内容作出规定。

各单位及相关人员在执行本标准过程中,如有意见和建议,请反馈至上海市住房和城乡建设管理委员会(地址:上海市大沽路 100 号;邮编:200003;E-mail:bzgl@zjw.sh.gov.cn),上海建工集团股份有限公司(地址:上海市东大名路 666 号;邮编:200080;E-mail:scgbzgfs@163.com),上海市建筑建材业市场管理总站(地址:上海市小木桥路 683 号;邮编:200032;E-mail: bzglk@zjw.sh.gov.cn),以供今后修订时参考。

主 编 单 位:上海建工集团股份有限公司
华东建筑集团股份有限公司

参 编 单 位:上海市机械施工集团有限公司
上海市基础工程集团有限公司
华东建筑设计研究院有限公司
上海申元岩土工程有限公司
上海建工材料工程有限公司
上海建工一建集团有限公司
上海建工二建集团有限公司

主要起草人:龚　剑　高承勇　陈晓明　李耀良　周蓉峰
周　虹　王卫东　严时汾　吴德龙　吴洁妹
朱毅敏　龙莉波　魏永明　梁志荣　吴江斌
岳建勇　郁政华　余　伟　夏凉风　宋青君
刘静德　张菊连　金　毅　周　铮　王向军
聂书博　胡　炳　杨　菲　赵勇刚

主要审查人:范庆国　向海静　蔡忠明　陈培泰　陈立生
蔡来炳　李　伟

上海市建筑建材业市场管理总站

目　次

Contents

1 总　则

1.0.1　为规范钻孔灌注桩施工，做到技术先进、经济合理、安全适用、资源节约，加强环境保护，保证工程施工质量，制定本标准。

1.0.2　本标准适用于本市采用回转钻机或旋挖钻机成孔、泥浆护壁、水下灌注混凝土的灌注桩施工。

1.0.3　钻孔灌注桩施工除应符合本标准外，尚应符合国家、行业和本市现行有关标准的规定。

2 术 语

2.0.1 泥浆 slurry

黏土分散在水中形成的悬浮液,用于钻孔时护壁、冷却钻具、携带和悬浮岩土颗粒的冲洗液。

2.0.2 原土造浆 natural soil slurry

在钻进过程中加水使原状土分散在水中产生泥浆的方法。

2.0.3 制备泥浆 preparation slurry

采用人工或搅拌机将黏土或膨润土分散在水中制造泥浆的方法。根据需要可加入添加剂或化学处理剂。

2.0.4 正循环 direct circulation

泥浆经钻杆、钻具压入孔底,然后携带土层颗粒从钻杆、钻具与孔壁的间隙返回地面的循环方式。

2.0.5 反循环 reverse circulation

泥浆由钻杆、钻具与孔壁的间隙流入孔底,然后携带土层颗粒从钻具、钻杆抽返地面的循环方式。

2.0.6 护筒 casing tube

防止孔口土层和颗粒坍塌、坠落的设施。

2.0.7 初灌混凝土 preliminary concrete

导管法灌注水下混凝土施工中,用于压出导管内的泥浆并隔离管外泥浆(即封底),浇灌数量满足要求的第一灌混凝土。

2.0.8 后注浆施工 post bese-grouting

灌注桩成桩后通过预设在桩身内的注浆管和注浆器对桩端、桩侧进行高压注浆的施工方法。

2.0.9 扩底桩施工 belled

采用扩孔钻具对孔底扩孔的施工方法。

2.0.10 桩柱一体施工 concrete bored-pile and columm integratively

立柱根部嵌固于灌注桩顶部的桩柱结构在施工中一次成形

的施工方法。

2.0.11 电控校正法 electronic control to measurement and correction

一种利用置于立柱空腔内的电控测量器进行立柱校正的方法。

2.0.12 基础桩 foundation pile

在建(构)筑物中承受结构荷载的桩。

2.0.13 支护桩 soldier piles

用于基坑支护、边坡支护以及滑坡治理的桩，主要承受水平土压力或滑坡推力。

2.0.14 Ⅰ级接头 grade Ⅰ joint

接头抗拉强度不小于1.10倍被连接钢筋抗拉强度标准值，残余变形小并具有高延性及反复拉压性能。

2.0.15 Ⅱ级接头 grade Ⅱ joint

接头抗拉强度不小于被连接钢筋抗拉强度标准值，残余变形较小并具有高延性及反复拉压性能。

3 基本规定

3.0.1 钻孔灌注桩施工前应熟悉设计施工图纸，了解和掌握工程地质条件、周边环境条件，踏勘施工现场，并应按有关标准、规范和设计文件要求，编制施工组织设计。

3.0.2 施工前应进行设计交底，做好记录，与施工图等作为施工依据。

3.0.3 原材料应进行进场检验。各种原材料、半成品的产品合格证、试验报告等质量证明文件应完备，进场时应按有关标准、规范的规定进行检查和验收，确认合格后方可使用。

3.0.4 钻孔灌注桩施工应按相应的施工工序进行控制，并应进行施工过程的质量检查和工序验收。

3.0.5 施工用计量器具和施工检测方法应符合现行国家相关标准的规定。

3.0.6 施工过程中应执行职业安全健康的相关规定，并应制定安全措施。

3.0.7 施工过程中应执行城市交通管理和环境保护的相关规定，并应控制施工噪声和施工污染物排放，保护施工现场和周围环境。

4 施工准备

4.1 技术准备

4.1.1 施工组织设计应经批准后实施。

4.1.2 应按设计文件和施工组织设计的要求进行逐级技术交底。

4.1.3 应复核测量基准线、基准点，并应按基准线、基准点完成轴线、桩位的测量、放线、布点。基准线、基准点应设在不受桩基施工影响的区域，并应在施工中加以保护。

4.2 现场准备

4.2.1 根据岩土工程勘察报告及现场勘探情况，正式施工前应进行下列准备：

1 对需要保护的临近建(构)筑物、管线等应采取防护措施。

2 对桩位区域的地下障碍物应进行清除，并分层回填压实，回填土内不得夹有石块等障碍物。

3 不作清除的废弃管道，应探明管网情况并进行封堵。

4 施工场地应进行整平。

5 施工用的供水、供电、道路、排水、临时房屋等临时设施，必须在开工前准备就绪。

6 施工道路、材料堆场、桩位区施工场地等表面应作混凝土硬地面。

7 旋挖钻机、起重机械等大型设备作业时，应验算其在最不利工况下的地基承载力，并按验算结果对地基进行相应的处理。

4.2.2 泥浆循环系统的设置和使用应符合下列规定：

1 泥浆循环系统应包括循环池、沉淀池、循环槽（循环泵管）、储浆池（箱）、泥浆泵等设施、设备，并应设有排水、清洗、排渣等设施。含砂量高的土层，应采用除砂设备。

2 循环池与沉淀池应组合设置。1个循环池配置的沉淀池不宜少于2个，循环池与沉淀池隔墙上口应设有溢流口，泥浆经两级沉淀后，由溢流口流入循环池再循环使用。若采用除砂设备，宜设置在一级沉淀池和二级沉淀池之间。

3 采用制备泥浆时，应配置相适应的设备和设施，不得使用循环池作为新浆储存设施。

4 循环池与沉淀池数量、容量应按场地条件、桩数量和钻机配置的台套数确定；循环池与沉淀池的布位应按桩位分布确定。

5 桩孔与沉淀池之间由循环槽（循环泵管）连接，采用反循环工艺的循环槽回浆量应与反循环泵的出浆量匹配，必要时配备泥浆泵保证泥浆的循环。

6 循环过程的多余泥浆或废浆应设置储浆池（箱）临时储存。储浆池（箱）设置容量应满足桩基日产量的需要。循环池与储浆池之间宜采用泥浆泵输送循环。

7 循环池、循环槽、沉淀池、储浆池（箱）应经常疏通清理。清出的泥渣应集中堆放、及时外运。当配置泥水分离系统时，应对废浆进行循环利用。

4.2.3 采用旋挖钻机成孔作业时，应配备集土坑（箱）集中堆放，土方由短驳车从桩孔运输至集土坑（箱）堆放。集土坑（箱）数量、容量应按场地条件及桩基日产量确定，总容量宜为桩基日产量的1.5倍～2倍。

4.2.4 应对废浆池（箱）、集土坑（箱）位置和出土出渣路线进行测定。规划行车路线时，应使道路与钻孔位置保持一定距离，不得影响孔壁稳定。

4.2.5 施工前应按设计图纸进行桩位的放样，确定桩孔位置，桩位并应定好十字保护桩。在复核完成后进行护筒的埋设。

4.2.6 护筒的选用和埋设应符合下列规定：

1 采用钢板卷制的护筒应有足够的强度和刚度。护筒内径宜比设计桩径大 100 mm。采用旋挖钻机工艺时，护筒内径宜比设计桩径大 200 mm。

2 护筒应埋设准确，护筒中心与桩位中心的偏差不应大于 20 mm，护筒垂直度偏差不宜大于 1/200。

3 护筒底部埋入原状土深度不应小于 200 mm，当桩位周边有需保护的管线、地下构筑物时，可采取加长护筒等措施。桩位遇有障碍物时，应清障后再埋设护筒。

4 桩孔口标高低于承压水水头标高时，宜采取接长护筒或降低承压水水头标高等措施，保证成孔过程承压水水头标高低于护筒口。

5 护筒上口应开设溢浆口，埋设时溢浆口应对正循环槽。

6 护筒埋设后，护筒周围应采用黏土分层回填、夯实。

7 成孔中护筒应有防止下坠的措施。

8 不适合采用护筒作业的场合应有其他保护孔口土体稳定的措施。

5 机械设备

5.0.1 成孔设备应根据工程现场情况、工程地质条件、成孔直径、深度、周边环境条件等因素综合平衡进行选用，可选用回转钻机或旋挖钻机。

5.0.2 钻头直径应根据设计桩径、工程地质条件和成孔工艺合理选定，且不应小于设计桩径。成孔用钻头应设置保径装置，每根桩成孔前应检查确认钻头直径。

5.0.3 旋挖钻机成孔宜根据持力层特性、沉渣厚度要求、扩底等因素配备专门的清渣斗。

5.0.4 机械式扩孔钻具应在竖向力的作用下能自由收敛；钻具伸扩臂的长度、角度与其连杆行程应根据设计扩孔段外形尺寸确定。

5.0.5 泥浆循环系统除应符合本标准第 4.2.2 条的规定外，除砂设备应根据地质报告中砂砾的粒径选择过滤网的目数。

5.0.6 废弃泥浆处理宜采用泥水分离系统。

5.0.7 起重设备应根据施工安排合理配置。

5.0.8 施工设备进场组装后，应进行检验检测，经验收合格后方可投入施工。

6 成　孔

6.1 一般规定

6.1.1 成孔工艺应根据工程特点、地质资料、设计要求和试成孔情况合理选用。成孔施工前必须进行试成孔工艺性试验，试成孔数量不应少于 2 个。试成孔后，应进行孔壁静态稳定试验，采集施工参数并调整施工工艺。成孔施工紧邻地铁区间隧道、重要管线及其他重要保护对象时，宜采用非原位的试成孔工艺性试验，并加强环境监测，采集、分析监测数据，调整施工工艺。非原位试成孔的桩孔，检测完成后宜采用低标号素混凝土回填。

6.1.2 成孔直径不应小于设计桩径。

6.1.3 旋挖钻机定位时，应校正钻机垂直度；回转钻机定位时，应校正回转盘的水平度。回转钻机成孔过程中，钻杆应始终保持垂直并经常观测、检查和调整，回转盘中心与桩位中心应对准，其偏差不应大于 20 mm。

6.1.4 成孔至设计深度后，应对桩孔的各项技术指标进行检测。成孔质量应符合设计要求和表 6.1.4 的规定，检测合格后再进行下道工序作业。

表 6.1.4 成孔允许偏差及检测方法

<table>
<tr><th>项次</th><th colspan="2">项目</th><th>允许偏差</th><th>检测方法</th></tr>
<tr><td rowspan="2">1</td><td rowspan="2">孔 径</td><td>基础桩</td><td>0
+50 mm</td><td rowspan="2">用井径仪或超声波测井仪</td></tr>
<tr><td>支护桩</td><td>0
+30 mm</td></tr>
</table>

续表6.1.4

<table>
<tr><th>项次</th><th colspan="3">项目</th><th>允许偏差</th><th>检测方法</th></tr>
<tr><td rowspan="4">2</td><td rowspan="4">垂直度</td><td colspan="2">基础桩</td><td>≤1/100</td><td rowspan="4">用测斜仪或超声波测井仪</td></tr>
<tr><td colspan="2">支护桩</td><td>≤1/150</td></tr>
<tr><td colspan="2">支撑立柱桩</td><td>≤1/150</td></tr>
<tr><td colspan="2">桩柱一体立柱桩</td><td>≤1/200</td></tr>
<tr><td>3</td><td colspan="3">孔　深</td><td>0
+300 mm</td><td>核定钻头和钻杆长度,或用测绳</td></tr>
<tr><td rowspan="3">4</td><td rowspan="3">桩位</td><td rowspan="2">基础桩</td><td>D<1 000 mm</td><td>≤70+0.01 H(mm)</td><td rowspan="3">开挖前量护筒,开挖后量桩中心</td></tr>
<tr><td>D≥1 000 mm</td><td>≤100+0.01 H(mm)</td></tr>
<tr><td colspan="2">支护桩</td><td>≤50 mm</td></tr>
</table>

注:1. H 为桩基施工面至设计桩顶的距离(mm)。
2. D 为设计桩径(mm)。

6.1.5 成孔施工与后道工序应连续施工,成孔完毕至灌注混凝土的间隔时间不宜大于 24 h。

6.1.6 采用多台钻机同时施工时,应避免相互干扰。在混凝土刚灌注完毕的邻桩旁成孔时,其安全距离不应小于 4 倍桩径,或间隔时间不应少于 36 h。

6.2 泥浆制备

6.2.1 回转钻机成孔宜采用原土造浆护壁。地层以粉砂性土为主时,可辅佐采用制备泥浆。

6.2.2 旋挖钻机成孔应采用制备泥浆。

6.2.3 泥浆制备应选用高塑性黏土或膨润土。泥浆应根据施工机械、工艺及穿越土层情况进行配合比设计。制备泥浆的性能应符合表 6.2.3 的规定。

表 6.2.3　制备泥浆的性能指标

项次	项目	性能指标		检验方法
1	比重	1.03～1.10		泥浆比重计
2	黏度	黏性土	22 s～30 s	漏斗法
		砂土	25 s～35 s	
3	pH 值	8～9		pH 试纸
4	失水量	＜30 ml/30 min		失水量仪
5	泥皮厚度	＜1.5 mm		失水量仪

6.2.4　成孔过程中，孔内泥浆液面应保持稳定。泥浆液面高度不应低于自然地面以下 300 mm；反循环成孔时，补充泥浆应充足。钻进过程应根据土层情况，按表 6.2.4 的规定调整泥浆指标。在松软和易塌方土层中钻进，泥浆指标宜按表 6.2.4 规定值的上限取用。

表 6.2.4　循环泥浆的性能指标

项次	项目	性能指标		检验方法
1	比重	≤1.30		泥浆比重计
2	黏度	黏性土	22 s～30 s	漏斗法
		砂土	25 s～40 s	
3	pH 值	8～11		pH 试纸
4	失水量	＜30 ml/30 min		失水量仪
5	泥皮厚度	＜3 mm		失水量仪
6	含砂率	黏性土	≤4%	洗砂瓶
		砂土	≤7%	

6.3　回转钻机成孔

6.3.1　正循环成孔钻进应符合下列规定：

1　首根桩宜采用制备泥浆开孔。

2　钻进前,应先开泵在护筒内灌满泥浆,然后开机钻进。钻进时,应先轻压、慢转并控制泵量,进入正常钻进后,逐渐加大转速和钻压。

3　正常钻进时,应合理控制钻进参数。操作时,应控制起重滑轮组钢丝绳和水龙带的松紧度,减少晃动。

4　在易塌方地层中钻进时,应根据试成孔数据调整泥浆比重和黏度。

5　加接钻杆时,应先停止钻进,将钻头提离孔底 200 mm～300 mm,待泥浆循环 2 min～3 min 后,再拧卸接头,加接钻杆后,应先原位空转再钻进。

6　钻进中遇异常情况时,应停机检查,查出原因,处理后方可继续钻进。

7　正循环成孔钻进控制参数应符合表 6.3.1 的规定。

表 6.3.1　正循环成孔钻进控制参数

钻进参数 / 土层	钻压(kPa)	转速(r/min)	最小泵量(m^3/h)	
			$D \leq 1\ 000$ mm	$D > 1\ 000$ mm
粉性土 黏性土	10～25	40～70	100	150
砂土	5～15	35～45	100	150

注:D 为桩的设计直径(mm)。

6.3.2　泵吸反循环成孔钻进应符合下列规定:

1　开钻前,应对钻具和泵组等进行检查。

2　开钻时,应先起动砂石泵,待泵组起动并形成正常反循环后,才能开动钻机慢速回转下放钻头至孔底。开钻时应先轻压慢转,进入正常钻进后,可逐渐加大转速,调整钻压。

3　正常钻进时,应合理控制钻进参数。

4　加接钻杆时,应先停止钻进,将钻头提离孔底 200 mm～300 mm,待泥浆循环 2 min～3 min 后,再停泵加接钻杆。

5 钻进中遇异常情况时，应停机检查，查出原因，处理后方可继续钻进。

6 泵吸反循环成孔的钻进参数应符合表6.3.2的规定。

表 6.3.2 泵吸反循环成孔钻进参数

钻进参数 土层	钻压 (kPa)	钻头转速 (r/min)	砂石泵排量 (m^3/h)	钻进速度 (m/h)
粉性土 黏性土	10～25	30～50	140～180	6～10
砂土	5～15	20～40	160～180	4～6

注：1. 砂石泵排量应根据孔径大小和地层情况控制调整，外环间隙泥浆流速不宜大于10 m/min，钻杆内流体上返速度宜为2.5 m/s～3.5 m/s。
2. 桩径不小于800 mm时，钻压宜选用上限，转速宜选用下限。

6.3.3 气举反循环成孔钻进应符合下列规定：

1 开钻前，应对钻具和空压机等进行检查。

2 开钻时，开孔阶段，宜采用正循环或空气压缩机反吹钻进，待孔深满足沉没比要求后，改用气举反循环钻进。气举反循环钻进时，应先开空压机送气吸泥循环，然后开动动力头。

3 加接钻杆时，应先停止钻进，将钻头提离孔底200 mm～300 mm，待泥浆循环2 min～3 min后，再停泵加接钻杆。

4 停钻时，要先停止钻进，然后停止动力头，最后停气。

5 钻进中遇异常情况，应停钻检查，查出原因，处理后方可继续钻进。

6 气举反循环压缩空气的供气方式可选用并列的两个送气管或双层管柱钻杆方式。

6.4 旋挖钻机成孔

6.4.1 旋挖钻机成孔应配备成孔和清孔用泥浆及泥浆池(箱)。

6.4.2 旋挖钻机施工时，应保证机械稳定、安全作业，地基的验算和处理应符合本标准第 4.2.1 条的规定。

6.4.3 成孔前应检查钻斗直径、钻斗保护装置，确认符合要求；钻斗提出时，应清除钻斗上的渣土，并应检查钻斗磨损情况。

6.4.4 成孔钻进过程中钻杆应确保垂直。

6.4.5 砂层中钻进时，宜降低钻进速度及转速，并提高泥浆比重和粘度。

6.4.6 钻斗的升降速度宜控制在 0.7 m/s ～0.8 m/s。软弱土层厚度较大时，宜采用增设导流槽或导流孔的钻斗，并应根据钻进及提升速度同步补充泥浆，保持液面平稳。

6.4.7 旋挖钻机成孔应采用跳挖方式，弃土堆放与桩孔的最小距离应大于 6 m，并应及时清除。

6.4.8 在较厚的砂层成孔宜更换砂层钻斗，并应减少旋挖进尺。

6.4.9 钻孔达到设计深度时，应采用清渣斗清除孔内虚土。

7 清　孔

7.1 一般规定

7.1.1 采用回转钻机成孔的桩孔应清孔。清孔应分两次进行。第一次清孔应在成孔完毕后进行，第二次清孔应在安放钢筋笼和导管安装完毕后进行。

7.1.2 正循环清孔、泵吸反循环清孔和气举反循环清孔等清孔方法的选用应综合考虑桩孔规格、设计要求、地质条件及成孔工艺等因素。对于大直径钻孔桩或砂层较厚时，应采用反循环清孔。

7.1.3 清孔过程中和结束时应测定泥浆指标，清孔结束时应测定孔底沉渣厚度。第二次清孔结束后，孔底沉渣和孔底 500 mm 以内的泥浆指标应符合表 7.1.3 的规定。

表 7.1.3 清孔后泥浆指标和孔底允许沉渣厚度及检测方法

项次	项目			技术指标	检测方法
1	泥浆指标	比重	孔深＜60 m	≤1.15	泥浆比重仪
			孔深≥60 m	≤1.20	
		含砂率		≤8%	洗砂瓶
		黏度		18 s～22 s	漏斗法
2	沉渣厚度	基础桩	端承型桩	≤50 mm	沉渣仪或测锤
			摩擦型桩	≤100 mm	
			抗拔、抗水平力桩	≤200 mm	
		支护桩		≤200 mm	

注：1. 表列孔深系指自然地面标高至桩端标高的深度。
2. 孔深＜60 m，但桩端标高已进入第⑨层土或进入第⑦层土较多时，泥浆比重可按孔深≥60 m 时的指标控制。
3. 清孔时应同时检测泥浆比重和黏度。当泥浆黏度已接近下限，泥浆比重仍不达标时，应检测泥浆含砂率；含砂率＞8%时，应采取除砂设备除砂，以保证泥浆比重达标。

7.1.4 清孔后，孔内应保持水头高度，并应及时灌注混凝土。当超过延误 30 min 时，灌注混凝土前应重新测定孔底沉渣厚度。当不符合本标准表 7.1.3 的规定时，应重新清孔至符合要求。

7.2 正循环清孔

7.2.1 第一次清孔可利用成孔钻具直接进行。清孔时应先将钻头提离孔底 200 mm～300 mm，输入泥浆循环清孔，钻杆缓慢回转上下移动。输入泥浆指标应符合本标准表 6.2.3 的规定。孔深小于 60 m 的桩，清孔时间宜为 15 min～30 min；孔深大于 60 m 的桩，清孔时间宜为 30 min～45 min。

7.2.2 第二次清孔利用导管输入泥浆循环清孔。输入泥浆指标应符合本标准表 6.2.3 的规定。

7.3 反循环清孔

7.3.1 反循环清孔也适用于正循环成孔的第二次清孔。

7.3.2 反循环清孔分为泵吸反循环和气举反循环。

7.3.3 泵吸反循环清孔，可利用成孔施工的泵吸反循环系统进行。清孔时应将钻头提离孔底 200 mm～300 mm，输入泥浆进行清孔。输入泥浆指标应符合本标准表 6.2.3 的规定。

7.3.4 泵吸反循环清孔时，输入孔内的泥浆量不应小于砂石泵的排量。同时，应合理控制泵量，避免泵量过大，吸垮孔壁。

7.3.5 气举反循环清孔的主要设备机具应包括空气压缩机、出浆管、送气管、气水混合器等。设备机具规格应根据孔深、孔径等合理选择。出浆管可利用灌注混凝土导管。

7.3.6 气举反循环清孔施工应符合下列规定：

1 出浆管底口下放至距沉渣面 300 mm～400 mm 为宜，送气管下放深度以气水混合器至液面距离与孔深之比的 0.55～0.65 为宜。

2 开始清孔时，应先向桩孔内供泥浆再送气；停止清孔时，应先关送气管再停止供泥浆。

3 送气量应由小到大，气压应稍大于孔底水头压力。当孔底沉渣较厚，块体较大或沉淀板结，可适当加大送气量，摇动出浆管，以利排渣。

4 随着沉渣的排出，孔底沉渣厚度减少，出浆管应同步跟进，以保证出浆管底口与沉渣面距离。

5 清孔过程应保证补浆充足和孔内泥浆液面稳定。

8 钢筋笼施工

8.1 钢筋原材料

8.1.1 钢筋的材质、规格应符合设计要求。

8.1.2 钢筋的质量应符合现行国家标准《钢筋混凝土用钢》GB/T 1499 的有关规定。钢筋必须有出厂质量证明书和试验报告。

8.1.3 钢筋应按批号、规格、分批验收，并应按现行国家标准《钢筋混凝土用钢》GB/T 1499 的规定抽样复试。复试合格后，方可使用。

8.1.4 钢筋进场后，应按批按规格分类堆放，标识清楚，妥善保管，防止污染和锈蚀。带有粒状或片状老锈的钢筋不得使用。

8.2 钢筋笼制作

8.2.1 钢筋笼制作可采用现场制作和工厂模块化预制。

8.2.2 钢筋笼宜分段制作。分段长度应根据钢筋笼的整体刚度、钢筋原材料长度及起重设备的有效高度等因素确定。钢筋笼主筋的最小净距不宜小于 80 mm。钢筋笼的外型尺寸应符合设计要求，其允许偏差应符合表 8.2.2 的规定。

表 8.2.2 钢筋笼制作允许偏差

项次	项目	允许偏差(mm)
1	主筋间距	±10
2	箍筋间距	±20

续表8.2.2

项次	项目	允许偏差(mm)
3	钢筋笼直径	±10
4	钢筋笼整体长度	±100
5	主筋保护层厚度	±20

8.2.3 钢筋笼焊接应符合下列规定：

1 焊接用焊条应根据母材的材质合理选用。

2 钢筋连接采用搭接焊，搭接长度应符合表8.2.3的规定，焊缝宽度不应小于0.8d，厚度不应小于0.3d，两主筋端面的间隙应为2 mm～5 mm。

表8.2.3 钢筋焊接长度

项次	钢筋型号	焊缝形式	焊接长度
1	HPB300 HPB400 HRB400 HRB500	单面焊	≥10d
		双面焊	≥5d

注：d为钢筋直径。

3 焊接接头应按现行行业标准《钢筋焊接及验收规程》JGJ 18的规定抽样测试，测试结果应符合规定。

4 同一截面内的接头数量不应大于主筋总数的50%。相邻接头应上下错开，错开距离不应小于35倍主筋直径。

5 环形箍筋与主筋的连接应采用电弧焊点焊连接；螺旋箍筋与主筋的连接可采用铁丝绑扎并间隔点焊固定，或直接点焊固定。

8.2.4 钢筋笼主筋采用机械连接时，钢筋机械连接应符合下列规定：

1 提供钢筋机械连接的单位应提交有效的型式检验报告。

2 同一连接区段内有接头的受力钢筋截面面积占受力钢筋总截面面积的百分率，Ⅱ级接头不应大于50%，Ⅰ级接头不受限制。接头错开距离不应小于35倍受力钢筋直径。

3 钢筋笼制作允许偏差除应符合本标准表8.2.2的规定外，还应满足机械连接接头的要求。

4 机械连接接头的操作应符合现行行业标准《钢筋机械连接技术规程》JGJ 107的有关规定。

5 每批钢筋连接接头应按现行行业标准《钢筋机械连接技术规程》JGJ 107的规定抽样检验，检验结果应符合其规定。

8.2.5 成型的钢筋笼应平卧堆放在平整干净的地坪上，堆放层数不应超过2层。

8.2.6 应在钢筋笼外侧设置控制保护层厚度的垫块，其间距竖向为2 m，每个横断面不少于4块。

8.3 钢筋笼运输

8.3.1 钢筋笼运输应采取有效措施防止钢筋笼变形，严禁拖拽。

8.3.2 模块化预制的钢筋笼应采用平板车运输，车上应设置支座固定钢筋笼。

8.4 钢筋笼安装

8.4.1 钢筋笼应经验收合格后方可安装。

8.4.2 钢筋笼在起吊和安装中应控制变形，起吊吊点和搁置点应设置在钢筋笼的加强部位。

8.4.3 钢筋笼安装入孔时，应保持垂直状态，对准孔位徐徐轻放，避免碰撞孔壁。

8.4.4 钢筋笼安装标高应符合设计要求，其允许偏差为±100 mm。

8.4.5 钢筋笼全部安装入孔后应检查安装位置，确认笼顶标高符合设计要求后，将钢筋笼用吊筋固定。

8.4.6 钢筋笼孔口连接应符合下列规定：

1 下节钢筋笼上端露出孔口操作面应满足操作要求的高度。

2 上、下节钢筋笼主筋连接部位应对正，且上、下节笼呈垂直状态时方可连接。

3 连接时宜两边对称进行。

4 每节钢筋笼连接完毕后应补足连接部位的箍筋，并应按本标准第 8.2.2 条的规定经验收合格后，再进行下一节钢筋笼的安装。

9 混凝土施工

9.1 一般规定

9.1.1 混凝土应优先采用预拌混凝土，其供应能力应满足混凝土连续灌注的施工要求。

9.1.2 混凝土应具有良好工作性能，现场混凝土塌落度宜为 180 mm～220 mm；当采用聚羧酸高性能减水剂时，现场混凝土塌落度宜为 200 mm～240 mm。

9.2 原材料

9.2.1 水泥宜采用普通硅酸盐水泥、矿渣硅酸盐水泥，严禁采用快硬型水泥。水泥的质量应符合现行国家标准《通用硅酸盐水泥》GB 175 的要求，必须有出厂质量证明书，并必须复试合格。用于同一根桩内的混凝土，必须采用同一品种、同一强度等级和同一厂家的水泥拌制。

9.2.2 粗骨料宜选用连续级配坚硬碎石或卵石。最大粒径不应大于钢筋笼主筋最小净距的 1/3，宜优先采用 5 mm～25 mm 的碎石。粗骨料的质量应符合现行行业标准《普通混凝土用砂、石质量标准及检验方法》JGJ 52 的有关规定，并应有产品合格证。

9.2.3 细骨料宜选用中砂。宜优先采用细度模数为 2.3～2.8 的天然中砂。细骨料的质量应符合现行行业标准《普通混凝土用砂、石质量标准及检验方法》JGJ 52 的有关规定，并应有产品合格证。

9.2.4 掺合料、外加剂及拌制用水应符合相关标准的规定。

9.3 混凝土配合比

9.3.1 配合比设计应按现行行业标准《普通混凝土配合比设计规程》JGJ 55 的规定进行。

9.3.2 配合比的设计应符合下列规定：

1 小于 C40 混凝土配制强度应比设计桩身强度提高一级；大于等于 C40 混凝土配制强度应比设计桩身强度提高两级；混凝土配制强度等级应按照表 9.3.2 确定。

表 9.3.2 混凝土设计强度等级对照表

混凝土设计强度等级	C30	C35	C40	C45	C50	C60
水下灌注的混凝土配制强度等级	C35	C40	C50	C55	C60	C70

2 混凝土的初凝时间不应少于正常运输和灌注时间之和的 2 倍，且不应少于 8 h。

3 胶凝材料用量不应少于 360 kg/m^3。

4 水下灌注混凝土的含砂率宜为 40%～50%，并宜选用中砂；粗骨料的最大粒径应小于 40 mm。

9.4 混凝土灌注

9.4.1 单桩混凝土灌注应连续进行。

9.4.2 混凝土灌注的充盈系数不得小于 1。

9.4.3 混凝土应采用导管法水下灌注，导管选用应符合下列规定：

1 导管选用应与桩径、桩长匹配，内径宜为 200 mm～300 mm。

2 内径 250 mm 以下的导管壁厚不应小于 5 mm，内径 300 mm 的导管壁厚不应小于 6 mm。导管截面应规整，长度方向应平直，无明显挠曲和局部凹陷，能保证灌注混凝土用隔水塞顺畅通过。

3　导管连接应密封、牢固，施工前应试拼并进行水密性试验。

4　导管的第一节底管长度不应小于 4 m。导管标准节长度宜为 2.5 m～3 m，并可设置各种长度的短节导管。

5　导管使用后应及时清洗，清除管壁内外及节头处粘附的混凝土残浆。

6　导管应定期检查，不符合要求的，应进行整修或更换。

9.4.4　混凝土灌斗应符合下列规定：

1　宜用 4 mm～6 mm 钢板制作，并设置加筋肋。

2　灌斗下部锥体夹角不宜大于 80°，与导管的连接节头应便于连接。

3　灌斗容量应满足混凝土初灌量的要求；采用商品混凝土连续供料能力大于初灌量时，灌斗容量可不受此限制。

9.4.5　混凝土灌注用隔水塞宜优先选用混凝土隔水塞。混凝土隔水塞应采用桩身混凝土强度等级相同的细石混凝土制作，外形应规则、光滑并设有橡胶垫圈（图 9.4.5）。采用球胆作隔水塞时，应确保球胆在灌注过程中浮出混凝土面。

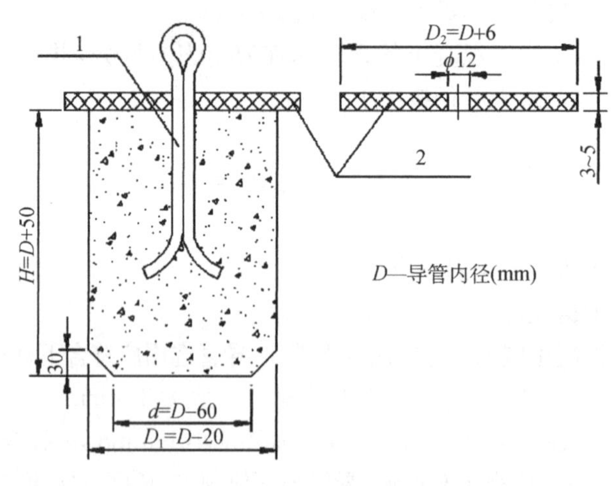

1—Φ6 钢筋；2—橡胶垫圈

图 9.4.5　混凝土隔水塞外形图

9.4.6 混凝土开浇前的准备工作及初灌混凝土的灌注应符合下列规定：

1 导管应全部安装入孔，位置应居中。导管底部距孔底高度以能放出隔水塞和混凝土为宜，宜为 300 mm～500 mm。

2 隔水塞应采用铁丝悬挂于导管内。

3 待初灌混凝土储备量满足混凝土初灌量后，方可截断隔水塞的系结钢丝将混凝土灌至孔底。

9.4.7 混凝土初灌量应能保证混凝土灌入后，导管埋入混凝土深度不小于 1.0 m，导管内混凝土柱和管外泥浆柱应保持平衡。混凝土初灌量按图 9.4.7 和式(9.4.7)计算。

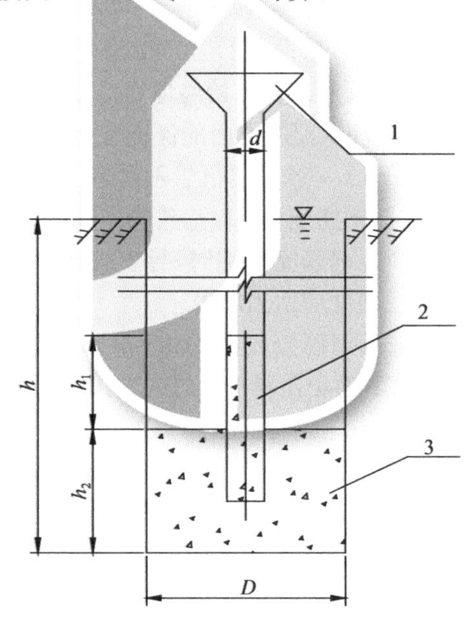

1—灌斗；2—导管；3—桩孔

图 9.4.7 混凝土初灌量

$$V \geqslant \frac{\pi d^2 h_1}{4} + \frac{k\pi D^2 h_2}{4} \tag{9.4.7}$$

式中：V——混凝土初灌量(m^3)；

h——桩孔深度(m)；

h_1——导管内混凝土柱与管外泥浆柱平衡所需高度，

$$h_1 \geqslant \frac{(h-h_2)r_w}{r_c}(m);$$

h_2——初灌混凝土下灌后导管外混凝土面高度，取 1.3 m～1.8 m；

d——导管内径(m)；

D——桩孔直径(m)；

k——充盈系数，大于 1.0，取 1.3；

r_w——泥浆比重，按表 7.1.3 取；

r_c——混凝土密度，取 $2.3 \times 10^3 kg/m^3$。

9.4.8 混凝土灌注过程中导管应始终埋在混凝土中，严禁将导管提出混凝土面。导管埋入混凝土面的深度宜为 3 m～10 m，最小埋入深度不得小于 2 m，一次提管拆管不得超过 6 m。

9.4.9 混凝土灌注至钢筋笼根部时应符合下列规定：

1 混凝土面接近钢筋笼底端时，导管埋入混凝土的深度宜保持 3 m 左右，灌注速度应适当放慢。

2 混凝土面进入钢筋笼底端 1 m～2 m 后，宜适当提升导管。导管提升应平稳，避免出料冲击过大或钩带钢筋笼。

9.4.10 混凝土灌注中应经常检测混凝土面上升情况，当混凝土灌注达到规定标高时，经测定符合要求后方可停止灌注。

9.4.11 混凝土实际灌注高度应高于设计桩顶标高。高出的高度应根据桩长、地质条件和成孔工艺等因素合理确定，其最小高度不宜小于桩长的 3%，且不应小于 1 m。桩顶标高达到或接近地面时，桩顶混凝土泛浆应充分，确保桩顶混凝土强度达到设计要求。

9.5 混凝土养护和冬期施工

9.5.1 在混凝土灌注完毕 36 h 内，小于 4 倍桩径范围内不得开孔。混凝土灌注完毕的桩孔应采用砂石或土等均匀回填至孔口。

9.5.2 冬期施工期间,预拌混凝土的原材料、配合比设计及拌制应按冬期施工要求控制。

9.5.3 冬期施工期间,桩顶标高与自然地面标高持平或接近的桩,桩顶应采取保温措施。

9.6 混凝土的质量控制

9.6.1 混凝土施工中应进行坍落度检测。单桩检测次数应符合表 9.6.1 的规定。

表 9.6.1 单桩混凝土坍落度检测次数

项次	单桩混凝土量(m^3)	次数	检测时间
1	≤50	2	灌注混凝土前、后阶段各 1 次
2	>50	3	灌注混凝土前、中、后阶段各 1 次

9.6.2 混凝土强度检验的试件应在施工现场随机抽取。同组试件,应取自同车混凝土。

9.6.3 混凝土抗压强度的检测试件数量:来自同一搅拌站的混凝土,每灌注 50 m^3 必须至少留置 1 组试件;当混凝土灌注量不足 50 m^3 时,每连续灌注 12 h 必须至少留置 1 组试件。对单柱单桩,每根桩应至少留置 1 组试件。

9.6.4 有抗渗等级要求的灌注桩应留置混凝土抗渗等级的检测试件,一个级配不宜少于 3 组。

10 后注浆施工

10.1 一般规定

10.1.1 浆液制备应符合下列规定：

1 注浆浆液应采用不小于 42.5 强度等级水泥配制。

2 浆液的水灰比宜为 0.55～0.6。

3 配制好的浆液应过滤，滤网网眼应小于 40 μm。

10.1.2 注浆管下放前应作注水试验。

10.1.3 注浆管应随钢筋笼同时下放，与钢筋笼的固定应采用铁丝绑扎，绑扎间距宜为 2.0 m；钢筋笼上、下端应有不少于 4 根与注浆管埋设深度等长的引导钢筋，引导钢筋应采用箍筋固定，箍筋间距不应大于 1.5 m。

10.1.4 注浆施工前，应进行试注浆，确定注浆压力、注浆速度等施工参数。

10.1.5 后注浆作业起始时间、顺序和速率应符合下列规定：

1 注浆作业宜于成桩 2 d 后开始。

2 注浆作业与成孔作业点的距离不宜小于 8 m。

3 对于饱和土中的复式注浆顺序宜先桩侧后桩端；对于非饱和土宜先桩端后桩侧；多断面桩侧注浆应先上后下；桩侧桩端注浆间隔时间不宜少于 2 h。

4 桩端注浆应对同一根桩的各注浆导管依次实施等量注浆。

5 对于桩群注浆宜先外围、后内部。

10.1.6 满足下列条件之一可终止注浆：

1　注浆总量达到设计要求。

2　注浆量达 80%以上，且压力值达到 2 MPa 并持荷 3 min。

10.2　桩端后注浆施工

10.2.1　桩端后注浆装置的选用和设置应符合下列规定：

1　桩端注浆装置应由注浆管、注浆阀和注浆器组成。

2　桩端注浆管应采用钢管，钢管内径不宜小于 25 mm，壁厚不应小于 3.0 mm。

3　连接接头宜采用螺纹连接，接头处应缠绕止水胶带。

4　注浆阀应采用单向阀，应能承受大于 1 MPa 的静水压力。

5　注浆器下端宜呈锐角状，其环向面呈梅花状均匀分布出浆孔，孔径大于 8 mm，下孔时出浆孔应采用胶布或橡胶包裹。

6　注浆管数量宜按桩径设置，不应少于 2 根。

7　注浆器下部应进入桩端以下 200 mm～500 mm，上口必须用堵头封闭。

10.2.2　桩端后注浆作业应符合下列规定：

1　灌注桩成桩后的 7 h～8 h 内，应采用清水进行开塞。开塞压力宜为 0.8 MPa～1.2 MPa。开塞后应立即停止注水。

2　应控制注浆压力和注浆速度。注浆压力宜为 0.4 MPa～1.0 MPa，注浆速度宜为 32 L/min～47 L/min。

3　超深桩施工时宜采用“二次注浆方式”，第一次注入 70%～80%的设计浆液量，充分填塞桩端桩侧空隙；2 h～3 h 后第二次注入剩余浆液量，有效加固桩端持力层。

10.3　桩侧后注浆施工

10.3.1　桩侧后注浆装置的选用和设置应符合下列规定：

1　桩侧注浆装置由桩身注浆导管、桩侧后注浆管阀组成，桩侧后注浆管阀包括环形高压软管、注浆器。

2　桩身注浆导管应采用钢管或黑铁管，内径不宜小于25 mm，壁厚不应小于3.0 mm；导管两端分别密封连接地面输送管与桩侧注浆管阀，并沿注浆断面布置，与钢筋笼主筋绑扎固定，随钢筋笼一起下放入已钻孔内。

3　桩侧后注浆管阀设置数量应综合地层情况、桩长和承载力增幅要求等因素确定，可在离桩底5 m～15 m以上、桩顶8 m以下范围，每隔6 m～12 m设置一道桩侧注浆管阀。当有粗粒土时，宜将注浆管阀设置于粗粒土层下部。

4　在桩身多个位置预置注浆装置，并在注浆断面沿钢筋笼外侧布置环形高压软管，安装注浆器。

5　钢筋笼放置到位后，注浆导管接通地面注浆系统，压清水，使环形高压软管张开并紧贴孔壁。

10.3.2　桩侧后注浆作业应符合下列规定：

1　桩最上段宜先注，待其初凝后，再注下部桩段。

2　桩侧注浆采用渗入性注浆时注浆速度宜为32 L/min～47 L/min，在恒定注入压力比较低的情况下，可加大泵量。

11 扩底桩施工

11.1 一般规定

11.1.1 扩底桩的成孔施工包括等直径部分和扩孔部分，在等直径部分成孔至设计桩端标高后，进行第一次清孔，并在第一次清孔后 30 min 内更换扩孔钻头进行扩底施工。扩孔钻进应连续进行，不得无故停钻。扩底完成后，应连续进行下道工序施工，与灌注混凝土的间隔时间不宜大于 8 h。

11.1.2 扩底桩扩底直径、高度及倾斜度应符合下列规定（图 11.1.2）：

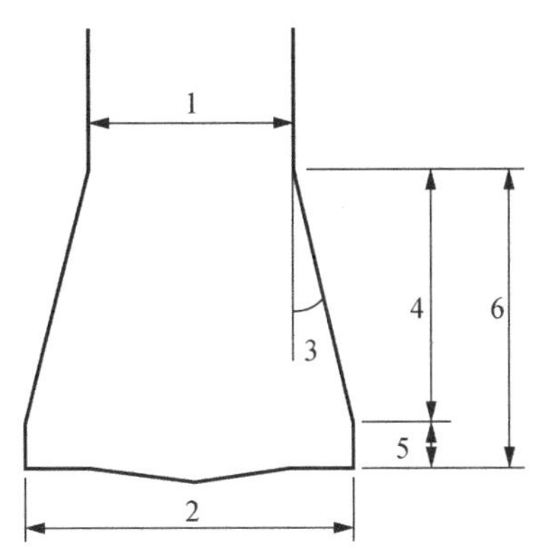

1—桩身直径 d；2—扩底直径 D；3—倾斜角 θ；4—倾斜部高度 H_1；5—立起部高度 H_2；6—扩底部高度 H

图 11.1.2 扩底尺寸要求

1 扩底直径 D 与桩身直径 d 的比值应根据不同地质条件和承载力要求由设计确定，不宜大于 2.0。

2　扩展部分与垂直方向的倾斜角度 θ 不宜大于 12°。

3　扩底部分的立起部高度 H_2 不应小于 300 mm。

4　扩底直径 D 的允许偏差为 0 mm～＋100 mm。

11.1.3　扩底施工应采用专用的扩孔钻头。扩孔钻头应符合下列规定：

1　装置应简单，便于与钻杆连接。

2　扩底施工完成后，机具应能收拢拔出。

3　扩孔钻头产生的扩底断面可与等截面段光滑连接，形成的扩底端形状应满足设计要求。

11.1.4　根据工作方式，扩孔机具应分为机械传动扩孔钻头和液压传动扩孔钻头。扩孔钻头应结合场地地质条件、桩基施工机具、桩径与扩底直径大小等条件综合选择，并应符合下列规定：

1　当桩基的等径部分采用回转钻机施工时，宜采用与之匹配的机械传动扩孔钻头，扩底直径不宜大于 1 500 mm。

2　当桩基的等径部分采用旋挖钻机施工时，宜采用与之匹配的液压传动扩孔钻头，扩底直径不宜小于 1 200 mm。

11.1.5　扩底桩施工前应进行试成孔，试成孔施工应符合下列规定：

1　施工前必须做非原位试成孔，试成孔数量不应少于 2 个，且应分先后进行。以便核对地质资料，检验所选设备、施工工艺及技术要求。

2　试成孔完成后应模拟实际工况进行清孔。然后进行试成孔连续跟踪监测，时间不应少于 24 h，每隔 6 h 进行一次成孔质量监测，应包括孔径、孔深、扩大头直径、扩大头长度、垂直度、沉渣厚度、泥浆比重、泥浆黏度、泥浆含砂率，判定孔壁稳定性。

3　正式施工前，应将试成孔测试成果提交给设计院；当检测指标不能满足设计和施工相关要求时，应拟定补救措施或重新选择施工工艺。

4　试成孔完成后宜采用低标号素混凝土回填。

11.1.6 在扩底桩施工中应随机检测成孔质量，包括孔径、孔深、扩大头直径、扩大头长度等，检测数量不得少于总数50%。

11.2 机械扩底施工

11.2.1 等直径部分成孔至设计桩端标高后，进行第一次清孔。清孔后提杆、更换扩孔钻头后重新下杆，使扩孔钻头达到需扩孔位置进行扩底成孔。

11.2.2 扩底用机械传动扩孔钻具应符合下列规定：

1 钻具应在竖向力的作用下能自由收放。

2 钻具伸扩臂的长度与其连杆行程，应根据设计的扩底段外形尺寸确定。

3 每根桩扩孔前应对扩孔钻具进行检查。

11.2.3 扩底成孔应符合下列规定：

1 扩孔钻头下至钻孔底后，应先启动泥浆泵进行泥浆循环，再启动钻机保持空钻不进尺片刻，然后施加钻压逐渐撑开扩孔刀进行扩底成孔。

2 扩底成孔中，钻压宜按表6.3.1和表6.3.2规定值上限控制，钻速按下限值控制，并适当增大泵量。同时，还应根据钻机运转状况及时调整钻进参数。

3 扩底成孔至孔底后，应稍提钻头继续空转片刻，泥浆保持循环清孔。清孔完毕后，方可收拢扩刀提取钻具。

11.2.4 在扩底成孔完成后再进行一次清孔。清孔应符合本标准第7章的相关规定。

11.3 液压扩底施工

11.3.1 等直径部分成孔至设计桩端标高后，孔内泥浆静置15 min左右，换上清底抓斗进行一次捞渣工作，然后进行扩底施工。

11.3.2 扩底施工之前,需要在地面确认扩孔钻头液压系统、电源信号系统,确认扩底钻头的扩幅大小,记录油压千斤顶的油量,核对扩幅实际尺寸与操作室的电脑显示尺寸。

11.3.3 扩底成孔应符合下列规定:

1 在施工前将扩底桩设计相关数据输入施工管理装置电脑,并根据指令系统进行操作,应在影像监视系统监视和自动管理中心指示下进行扩底施工。

2 扩底施工时,可通过扩底钻头整体旋转将土体进行切削挖掘扩底;也可采用设有上、下部扩展刀头的扩孔钻头,将整个扩大头分为上、下两段分别扩展旋挖切削。

3 扩底过程中应低速钻进,多次逐步扩展,尽量使每次扩孔切削量接近斗桶容量,及时取出,减少沉渣产生,确保扩孔质量。钻头所容纳土方应及时提升并带到地面。

4 扩底施工时,应在影像装置监控下,严格控制每次扩底量和切削出土体积,减少沉渣产生。

5 扩底过程中,应及时补充泥浆,使液面高出地下水位 2.0 m以上,保证孔壁稳定性。

11.3.4 在扩底成孔完成后,换上清底抓斗进行一次捞渣工作,然后采用专用清渣泵进行泵吸反循环清孔。

11.3.5 使用专用清渣泵清孔时应满足下列要求:

1 清渣泵置入孔底后维持泵底与孔底面之间距离宜为 0.5 m～1.0 m。

2 清孔时应合理控制泵吸量。

3 清孔时送入孔内的泥浆不宜少于清渣泵的排量,将泥浆维持在一定的高度,保证孔壁稳定性。

4 泵吸清渣时间应根据桩径、桩长、土层条件等综合确定,宜控制在 10 min～30 min。

5 随着沉渣的排出,泵体可逐渐下放,保持合适的间距、确保排渣效果,直至清孔达到设计要求。

11.3.6 钢筋笼安装完成且混凝土导管下放到位后进行第二次清孔，采用孔口泵吸系统把清渣泵安装于导管上，利用清渣泵的抽吸力量使孔内泥浆通过导管上排出清孔。

12 立柱桩施工

12.1 一般规定

12.1.1 立柱宜在工厂分节制作，现场水平拼接。现场水平拼接应在胎架上进行。立柱水平拼接应平直，支撑立柱弯曲矢高不宜大于 1/500，支撑结构兼用立柱弯曲矢高不宜大于 1/800。

12.1.2 立柱的安装校正宜采用专用的定位校正装置。定位校正装置的安装精度应满足立柱的安装校正要求，并与地面可靠固定。

12.1.3 立柱吊放应持垂直状态下放，安装定位校正后应与定位校正装置可靠固定，避免走动。

12.1.4 格构柱、H 型钢的横截面中心线方向应与该位置结构柱网方向一致，钢管柱底部宜加工成锥台形，锥形中心与钢管柱中心吻合。

12.1.5 立柱周边的桩孔在桩混凝土灌注完成后，应采用砂石、土等均匀回填密实。

12.2 支撑立柱桩施工

12.2.1 支撑立柱桩成孔垂直度偏差不应大于 1/150。

12.2.2 支撑立柱桩直径应与立柱的尺寸、可调范围、精度要求等相匹配，立柱和立柱桩的定位偏差不应大于 20 mm。立柱水平面角度偏差不宜大于 5°。立柱垂直度偏差不应大于 1/200。

12.2.3 变截面立柱桩成孔施工应准确量测起坡点标高和渐变段

的长度。有条件时，应增加成孔的倾斜方向的量测，为立柱的插入提供高精度导向。

12.2.4 变截面立柱桩钢筋笼加工用螺旋筋应经冷拉调直后使用，钢筋笼主筋的弯起位置应定位准确，变截面前后钢筋笼中心应保证一致，偏差控制在±10 mm。

12.2.5 钢筋笼上部的辅助笼应经过计算复核，确保满足钢筋笼的整体垂直度和刚度要求，钢筋笼整体垂直度偏差应控制在1/300以内。

12.3 桩柱一体施工

12.3.1 立柱桩定位偏差不宜大于10 mm，成孔垂直度偏差不宜大于1/200，桩柱一体的立柱桩的钢筋笼与支承柱之间的水平净距应根据桩和柱的垂直度偏差控制要求以及相关构造要求综合确定，且不应小于150 mm。

12.3.2 桩柱一体的立柱插入方式可选用先插法或后插法，可结合支承柱类型、施工机械设备及垂直度要求等综合因素确定。

12.3.3 桩柱一体的立柱采用先插法施工时应符合下列规定：

1 先插法的立柱定位偏差不应大于10 mm。

2 立柱安插到位后，应调垂至设计垂直度控制要求，并进行固定。

3 用于固定导管的混凝土浇注架宜与调垂架分开，导管宜居中，并控制混凝土的灌注速度，确保混凝土均匀上升。

4 立柱内的混凝土应与桩的混凝土连续灌注完成。

5 立柱内混凝土与桩混凝土采用不同强度等级时，施工时应控制高低强度等级混凝土交界面是处于低强度等级混凝土的一侧；立柱外部混凝土的灌注高度应满足立柱桩混凝土泛浆高度要求。

12.3.4 桩柱一体的立柱采用后插法施工时应满足下列规定：

1 后插法的立柱定位偏差不应大于 10 mm。

2 混凝土宜采用缓凝混凝土，应具有良好的流动性，缓凝时间宜根据施工操作流程综合确定，且初凝时间不宜小于 36 h，粗骨料宜采用 5 mm～25 mm 连续级配的碎石。

3 后插法宜根据施工条件，选择合适的插放装置和定位调垂架。

4 立柱起吊应控制变形和挠曲，插放过程中应及时调垂，满足设计施工垂直度要求。

12.3.5 桩柱一体的立柱安装及调垂过程中应进行垂直度的检测，宜采用垂直度测试管或倾斜仪。立柱垂直度偏差应不大于 1/300。

12.3.6 混凝土灌注完成且终凝后方可移动调垂固定装置，并应采取固定保护措施直至混凝土强度达到设计要求。

13 水上钻孔灌注桩施工

13.0.1 水上钻孔灌注桩施工指位于河流、湖泊、海洋等水面以上或临近水域的钻孔灌注桩施工，施工前应在海事、水务等相关部门办理施工手续。施工应根据水文、气象条件和水上通航、施工要求，做好施工水域作业场地的施工。作业场地的施工方法应符合下列规定：

1 在浅水区域，流速较慢且满足通航要求的水域施工时，宜采用围堰或筑岛方法构筑施工作业场地。堰顶或岛面宜高于施工期间可能出现的最高水位 1.0 m 以上；施工作业场地应牢固稳定。

2 在深水区域，流速较快、潮位涨落较大或水底淤泥层较厚的水域施工时，宜搭设工作平台；水位变动不大时，亦可采用浮式工作平台。各类工作平台的平面面积大小应满足成桩作业的需要，其顶面高程应高于桩施工期间可能出现的最高水位 1.0 m 以上，在受波浪影响的水域，尚应计算波高的影响。

3 工作平台应牢固稳定，能够承受施工时所有静、动荷载，应进行专项设计。

13.0.2 水域施工的护筒选用和埋设应符合下列规定：

1 护筒宜采用钢板卷制，钢板厚度应按计算确定。护筒连接接头应平直无突出物、不漏水。护筒内径宜比设计桩径大 200 mm～400 mm。

2 护筒的埋设宜采用压重、振动或锤击法。

3 护筒中心与桩位中心的偏差不应大于 50 mm，护筒垂直度偏差不宜大于 1/150。

4 护筒进入河床的深度应考虑护筒内、外泥浆水头压力差，经对钻孔桩孔壁稳定性反穿孔和土质的稳定分析计算，结合地层情况确定。振设护筒过程中，宜先对河床进行表面清理，排除地下障碍物，禁止强振，以防变形。

5 护筒上口宜高出水位 2.0 m；有承压水时，应高出承压水位 2.0 m；有潮汐影响的水域，应高出最高水位 1.5 m～2.0 m。护筒上口应固定牢靠，底部应确保着床且进入河底不宜小于 1.0 m。

13.0.3 泥浆循环系统应按不同水域作业需求合理设置。浅水区域围堰或筑岛施工时，泥浆系统可按陆上施工泥浆系统的要求设置；深水区域施工平台作业时，可采用泥浆船、泥浆箱和泥浆泵管组成的泥浆系统。泥浆系统的容量应满足施工需要。制备泥浆用水应采用淡水。废泥浆、泥渣不得直接排入施工水域。

13.0.4 采用浮动平台施工时，应设置水位标尺，观察水位变化，并对孔深、下导管、下钢筋笼深度的丈量作出调整。

13.0.5 远岸作业时，施工所需的机具、设备和物资应准备充分。现场混凝土材料不足一根桩时，不应进行混凝土施工。

13.0.6 近岸作业时，混凝土灌注施工可以铺设泵管用固定泵供应；工程量大且施工时间长，可采用搅拌船供应；工程量小且施工时间短，可采用料斗加驳船运输，料斗数量根据混凝土灌注速度确定。

14 检测与验收

14.1 一般规定

14.1.1 钻孔灌注桩应进行桩位、桩长、桩径、桩身质量的检测，基础桩尚应进行单桩承载力检测。

14.1.2 钻孔灌注桩的检测应包括施工前检验、施工中检验和施工后检验。

14.2 施工前检验

14.2.1 钻孔灌注桩施工前应进行下列检测：

1 钢筋进场应进行质量检验，检验项目和方法应符合国家现行有关标准的规定。

2 混凝土制备应对混凝土配合比、坍落度、混凝土强度等级等进行检验。

3 钢筋笼制作应对钢筋规格、焊条规格、品种、焊口规格、焊缝长度、焊缝外观和质量、主筋和箍筋的制作偏差等进行检查，钢筋笼制作允许偏差应符合本标准的相关要求。

4 护筒制作及埋设应按本标准第 4.2.6 条的规定进行检查。

5 泥浆应按本标准第 6.2 节的相关要求进行检查。

14.2.2 施工前应对桩位进行严格检测，桩位放样偏差应符合本标准第 4.2.5 条的规定。

14.3 施工中检验

14.3.1 成孔至设计标高后，应按本标准第 6.1.4 条有关检测孔径、孔深、垂直度、孔位等指标的规定，确认成孔质量。

14.3.2 钢筋笼及导管安装应按本标准第 8.4 节与第 9.4.3 条的规定进行检查。

14.3.3 二次清孔后应按本标准第 7.1.3 条的规定测定孔底沉渣厚度和泥浆指标。

14.3.4 混凝土灌注施工期间应按本标准第 9.6.1 条的规定进行坍落度检测，现场混凝土坍落度宜符合本标准第 9.1.2 条的规定。

14.3.5 混凝土灌注的充盈系数不得小于 1.0。

14.3.6 混凝土灌注时必须留取试件检验桩身混凝土强度，混凝土试件的制作、养护和试验应符合本标准第 9.6 节的规定。

14.4 施工后检验

14.4.1 施工完成后，成桩偏差应符合现行国家标准《建筑地基基础工程施工质量验收标准》GB 50202 的相关规定。

14.4.2 施工完毕应进行桩身质量检测，基础桩尚应进行单桩承载力检测。钻孔灌注桩宜先进行桩身质量检测，后进行承载力检测，且承载力检验后宜对试(锚)桩进行桩身质量检测。

14.4.3 桩身质量检测除应对预留混凝土试件进行强度等级检验外，尚应采用动测法进行现场检测。对于大直径桩可采用超声波透射法检测，必要时可采用高应变法或钻芯法；单桩承载力应以静载试验检测为主，高应变法检测为辅。检测方法应符合现行上海市工程建设规范《建筑地基与基桩检测技术规程》DG/TJ 08—218 的有关规定。

14.4.4 当采用一种检测方法无法确定桩身质量时，应采用两种或两种以上检测方法进行相互补充、验证性检测，确保桩身质量检测结果的可靠性。

14.4.5 钻孔灌注桩检测开始时间应符合以下规定：

1 当进行桩身质量检测时，受检桩的混凝土强度不宜低于设计强度的70%，且不低于15 MPa，养护时间不应小于14 d。

2 当采用钻芯法检测受检桩的混凝土强度时，受检桩的混凝土龄期应达到28 d或同条件养护试件的强度达到设计强度。

3 当进行单桩承载力检测时，应满足桩身混凝土养护所需要的时间及桩周土体强度恢复所需要的时间，养护时间不宜少于28 d；后注浆钻孔灌注桩注浆完成后的养护时间不应少于20 d。

14.4.6 基础桩桩身质量检测数量应符合下列规定：

1 采用低应变法进行基础桩桩身质量检测时，检测数量必须大于总桩数的50%；采用独立承台形式的基础桩，应扩大检测比例，每个独立承台检测桩数不得少于1根；一柱一桩形式的基础桩应100%检测；设计单位也可根据结构的重要性和可靠性，在此基础上增加检测比例。

2 超声波透射法、高应变法及钻芯法的检测要求及检测数量宜根据设计要求和实际工程情况确定。采用超声波透射法进行桩身质量检测时，其检测数量不宜少于总桩数的10%；采用高应变法或钻芯法进行桩身质量检测时，检测数量不得少于总桩数的5%且不应少于5根；后注浆钻孔灌注桩超声波透射法的检测数量不宜少于总桩数的20%；逆作法一柱一桩竖向支承桩超声波透射法的检测数量不宜少于总桩数的50%；上下同步施工时，竖向支承桩应100%采用超声波透射法检测桩身质量。

14.4.7 支护桩桩身质量检测要求应符合下列规定：

1 对于支护桩，桩身质量应采用低应变动测法检测，检测比例不应少于10%，且不得少于10根。

2 对于兼作地下室外墙"桩墙合一"的支护桩，桩身质量采用低应变动测法检测比例应为100%，且超声波透射法检测比例不应低于总支护桩数量的20%，且不应少于5根。

3 当对支护桩的竖向承载力有要求时，可对其进行静载试验，检测比例不宜低于总支护桩数量的1%，且不应少于3根。

14.4.8 对抗拔桩和对水平承载力有特殊要求的基础桩，尚应进行单桩抗拔静载试验和水平静载试验检测。

14.4.9 钻孔灌注桩单桩承载力检测要求应符合下列规定：

1 当采用静载试验进行单桩承载力检测时，单位工程内同一条件下的试桩数量不应少于总桩数的1%，且不应少于3根；当总桩数在50根以内时，不应少于2根。

2 当采用以单桩静载试验为主、高应变法为辅相结合进行单桩竖向承载力检测时，单位工程内同一条件下试桩数不应少于总桩数的0.5%，且应不少于3根，高应变法检测数量不应少于总桩数的3%，且不应少于5根。

3 对于场地和地基条件简单、荷载分布均匀的3层及3层以下民用建筑及一般工业建筑、重要性较低的小型桥梁等不具备进行静载试验条件的工程，当有可靠工程经验时，可直接采用高应变法进行单桩竖向抗压承载力检测，单位工程内同一条件下的试桩数量不应少于总桩数的5%，且不得少于5根，试桩应在桩身质量普测基础上选择有代表性的桩。

14.5 验 收

14.5.1 钻孔灌注桩桩位验收，除设计有规定外，应按下述要求进行：

1 当桩顶设计标高与施工场地标高相近时，或灌注桩施工结束后，有可能对桩位进行检查时，桩位验收应在灌注桩施工完毕后进行。

2 当桩顶设计标高低于施工场地标高时，可对护筒位置做中间验收，待开挖至设计标高后进行最终验收。

3 钻孔灌注桩桩位偏差应符合本标准第6.1.4条的规定。

14.5.2 钻孔灌注桩工程质量验收应在施工单位自检合格的基础上进行。施工单位确认自检合格后提出验收申请，钻孔灌注桩验收时应提供下列技术文件和记录：

1 岩土勘察报告、灌注桩施工图、图纸会审纪要、设计变更单及材料代用通知单等。

2 经审定的施工组织设计、施工方案及执行中的变更单。

3 桩位测量放线图，包括桩位线复核签证单。

4 原材料的质量合格和质量鉴定书。

5 施工记录及隐蔽工程验收文件。

6 成桩质量检查报告。

7 单桩承载力、桩身质量及混凝土强度检测报告。

8 基坑开挖至设计标高的基础桩竣工平面图、桩位偏差图及桩顶标高图。

9 其他必须提供的文件和记录。

14.5.3 后注浆钻孔灌注桩验收除应提交本标准第14.5.2条规定的资料外，还应提交水泥材质检验报告、压力表检定证书、试注浆记录、设计工艺参数、后注浆作业记录、特殊情况处理记录等资料。

14.5.4 钻孔灌注桩工程验收除符合本节规定外，尚应符合现行国家标准《建筑地基基础工程施工质量验收标准》GB 50202的规定。

15 绿色施工

15.1 泥浆处理减量化

15.1.1 根据钻孔灌注桩施工场地的具体地质情况，宜选择适宜的泥浆处理设备。

15.1.2 成孔穿越较厚的粉质、砂质土层时，宜配置除砂设备进行泥浆净化处理，提高泥浆循环使用次数。

15.1.3 拟建场地条件差、周边环境要求高的区域，宜配置泥浆固化分离系统，减少泥浆渣土的排放和外运。

15.1.4 合理布置泥浆池循环系统，优化泥浆循环路径，减少泥浆污染和浪费。

15.2 信息化施工

15.2.1 有条件时，宜建立信息化平台，对钻孔灌注桩施工全过程进行跟踪管理，留存每一根桩的原始资料，保证桩基质量的可追溯性。

15.2.2 桩基施工质量要求较高时，宜应用 BIM 技术对钻孔灌注桩成孔、吊放钢筋笼、混凝土浇灌等施工全过程实施同步的跟踪管理。

15.2.3 钻孔灌注桩施工现场应对施工全过程进行详细、真实的记录，按照各个施工工序和顺序留存原始资料。

15.3 工厂化施工

15.3.1 钻孔灌注桩施工精度要求较高或场地条件受限制时，宜考虑将钢筋笼制作进行集中工厂化生产，提高钢筋笼制作的质量和效率，减少钢筋原材料的浪费。

15.3.2 钢筋笼加工翻样应细化，将各种规格、型号和长度的钢筋分门别类集中提供给生产厂家，钢筋的代换应经设计计算复核。

15.3.3 工厂应按照现场施工的顺序集中加工，合理设置分节长度。钢筋笼的运输应确保不变形、不脱焊，必须采用吊机分节装卸。

16 安全管理

16.1 施工安全

16.1.1 施工过程的安全应符合现行行业标准《建筑施工安全检查标准》JGJ 59 的有关规定。

16.1.2 对施工机械的使用除应符合本标准的规定外，尚应符合现行行业标准《建筑机械使用安全技术规程》JGJ 33 的规定。

16.1.3 起重作业的安全管理应符合现行行业标准《建筑施工起重吊装工程安全技术规范》JGJ 276 的有关规定。

16.1.4 施工临时用电应符合现行行业标准《施工现场临时用电安全技术规范》JGJ 46 的规定。

16.1.5 施工作业前应编制专项方案，并应对作业人员进行安全技术交底，施工过程中应开展现场安全检查工作并召开安全工作会议。

16.1.6 施工现场应设置安全标志，危险部位应设置安全警示牌。

16.1.7 施工开挖的沟和孔洞必须设置围栏或护栏、盖板等安全防护设施，施工完毕的桩孔必须采取回填措施，泥浆池四周应设置防护栏。

16.1.8 桩工机械应按规定安装安全保护装置。

16.1.9 桩架拆装时，在拆装区域必须设置警戒线，且有专人监护。

16.1.10 安装、拆除和迁移塔架必须由专业人员统一指挥，严禁塔架上下同时作业。

16.1.11 机械作业区域地面承载力应符合机械说明书要求。

16.1.12 桩架移位时，桩架底下的道木必须铺垫平直，且保持两根道木的平行，并有专人监护。

16.1.13 施工现场焊、割作业必须符合防火要求，氧气瓶、乙炔瓶和易燃易爆物品的距离应符合有关规定。

16.1.14 每个作业组施工交接班时，应对孔口安全防护进行逐一检查。

16.1.15 施工机具、车辆和设备应由专人管理和操作，应按有关规定进行保养，机械工应考核合格后持证上岗。

16.1.16 施工期间遇暴雨、雷电、台风等特殊气候条件时，操作人员应停止钻机施工。

16.2 工程监测与应急预案

16.2.1 桩基施工前针对工程特点，应制定防触电、防坍塌、防倒塌、防机械伤害、防火灾等专项应急救援预案，并应成立现场应急小组，定期组织应急救援演练。

16.2.2 施工现场应配备应急救援人员，并按专项应急救援预案要求配备应急救援器材和物资。

16.2.3 桩基施工过程中，应对邻近保护性建(构)筑物、地铁设施、地下设施、道路及地表等进行监测，监测应采用仪器监测与现场巡检相结合的方式。

16.2.4 施工过程中发现地下管线及不明地下设施时应采取保护措施，并向有关部门通报。

附录 A　钻孔灌注桩施工应急处理措施

序号	危险源与风险分析	原因分析	预防及处理措施
1	坍孔	护筒埋置过浅，泥浆黏度和比重过小，水位高度不够	坍孔不深，应改用深埋护筒，重新开钻；轻度坍孔，应加大泥浆相对密度和提高水位；严重坍孔，应用黏土投入待孔壁稳定后采用低速钻进
2	偏孔	桩架不稳、钻杆导架不垂直；土层软硬不均，钻速过快，钻杆弯曲接头不正	检查纠正桩架，使之垂直安置稳固；偏斜过大时，应填入土石（砂或砾石）重新钻进，并应控制钻速
3	卡钻	钻孔被坍孔落下的石块卡住；钻进过猛或钢绳过长，使钻头倾斜卡在孔壁上	卡钻后不应强提，可用小冲击钻锥冲、吸等方法使钻锥周围的钻渣松动后再轻提出；钻进过程中保持护筒垂直，控制钻进速度，不应过快
4	扩孔、缩孔	孔壁坍塌或钻锥摆动过大易导致扩孔；钻锥磨损过甚，或因地层中有软塑土，遇水膨胀后使孔径缩小	应采取防止坍孔和防止钻锥摆动过大的措施；已发生缩孔时，宜在该处用钻锥上下反复扫孔以扩大孔径
5	浮笼	钢筋笼未固定牢固；混凝土性能不能满足施工规范要求，造成混凝土面上升时顶托钢筋笼一起上升	应减少导管底口埋深，使混凝土的顶托力减小，并应采取相关措施将钢筋笼固定牢固
6	孔壁坍塌	泥浆指标不符合要求	应将钢筋笼整体吊起，将坍落的岩土与已灌入的混凝土清除干净，重新下吊钢筋笼并浇灌混凝土
7	堵管	混凝土质量出现问题；混凝土灌注时间过长，出现初凝；导管埋深过大；导管漏水	应采用较长钢筋在导管内上下捣动使混凝土从导管内下落；应合理设置导管埋深；定期检查导管的水密性
8	混凝土串孔	相邻已成孔的两桩，在一桩灌注混凝土时，混凝土从该桩的薄弱层挤向另一桩	邻桩未下钢筋笼时，应重新清孔；邻桩已下钢筋笼时，应将钢筋笼吊起后重新清孔

本标准用词说明

1 为便于在执行本标准条文时区别对待，对要求严格程度不同的用词说明如下：

1) 表示很严格，非这样做不可的用词：

正面词采用“必须”；

反面词采用“严禁”。

2) 表示严格，在正常情况下均应这样做的用词：

正面词采用“应”；

反面词采用“不应”或“不得”。

3) 表示允许稍有选择，在条件许可时首先应该这样做的用词：

正面词采用“宜”；

反面词采用“不宜”。

4) 表示有选择，在一定条件下可以这样做的用词，采用“可”。

2 条文中指明应按其他有关标准执行时，写法为“应符合……的规定”或“应按……执行”。

引用标准名录

1 《通用硅酸盐水泥》GB 175

2 《钢筋混凝土用钢　第1部分:热轧光圆钢筋》GB/T 1499.1

3 《钢筋混凝土用钢　第2部分:热轧带肋钢筋》GB/T 1499.2

4 《建筑施工场界环境噪声排放标准》GB 12523

5 《建筑地基基础工程施工质量验收标准》GB 50202

6 《钢结构工程施工质量验收标准》GB 50205

7 《钢筋焊接及验收规程》JGJ 18

8 《建筑机械使用安全技术规程》JGJ 33

9 《施工现场临时用电安全技术规范》JGJ 46

10 《普通混凝土用砂、石质量标准及检验方法》JGJ 52

11 《普通混凝土配合比设计规程》JGJ 55

12 《建筑施工安全检查标准》JGJ 59

13 《钢筋机械连接通用技术规程》JGJ 107

14 《建筑施工现场环境与卫生标准》JGJ 146

15 《建筑施工起重吊装安全技术规范》JGJ 276

16 《建筑地基与基桩检测技术规程》DG/TJ 08—218

上海市工程建设规范

钻孔灌注桩施工标准

2021 上海

目　次

Contents

1 总 则

1.0.1 本条为本标准的编制目的。

1.0.2 本条是对适用地域范围的规定;新增了旋挖钻机。

2 术 语

本章对钻孔灌注桩施工的主要专用术语作了界定。

3　基本规定

本章对钻孔灌注桩施工在技术、质量、安全和环境保护等方面，以及对钻孔灌注桩施工前的施工准备工作，根据上海建工的具体情况作了较为具体的定量的规定。

4 施工准备

4.1 技术准备

4.1.1 施工组织设计应包括下列内容：

1 工程概况。

2 施工方案的选择及确定(包括成孔、清孔工艺选择及相应设备选用等)。

3 施工总平面布置(应标明拟建建筑及轴线坐标、施工临时用水用电、主要设备的停机位置及开行路线、泥浆循环系统、材料堆场、钢筋笼制作场地、弃土堆场、仓库等生产设施和生活设施等的布置)。

4 施工桩位图和施工流程安排。

5 施工作业要求(包括成孔、清孔、钢筋笼、混凝土施工等要求,并包括钢筋笼的翻样图等)。

6 工程施工的各项保证措施(工程质量、安全施工、文明施工、环境保护、季节性施工等)。

7 工程进度计划和施工作业计划。

8 主要材料、半成品供应计划。

9 主要设备和机具配置计划。

10 劳动力配置计划。

11 混凝土试块制作及送验计划。

12 技术复核项目计划。

13 隐蔽工程验收计划等。

4.2 现场准备

4.2.1 旋挖钻机等大型设备路基应进行验算，满足设备地面承载力及平整度等作业要求。地基复核承载力应不小于 12 t/m^2。路基不满足要求时，应采用路基箱或硬地坪，硬地坪厚度不小于 200 mm。

4.2.6 长度 4 m 以内的钢护筒，采用厚 4 mm～6 mm 的钢板制作。长度大于 4 m 的钢护筒，采用厚 6 mm～8 mm 钢板制作。钢护筒埋置较深时，采用多节钢护筒连接使用，连接形式采用焊接，焊接时保证接头圆顺，同时满足刚度、强度及防漏的要求。钢护筒的内径应大于钻头直径，具体尺寸按设计要求选用。钢护筒埋设深度应满足设计及有关规范要求。若桩孔在河流中，应将钢护筒埋置至较坚硬密实的土层中深 0.5 m 以上；钢护筒顶高出施工水位或地下水位 1.5 m～2 m，并高出施工地面 0.3 m；埋设钢护筒前，采用较大口径的钻头先预钻至护筒底的标高位置后，提出钻斗且用钻斗将钢护筒压入到预定位置。用粗颗粒土回填护筒外侧周围，回填应密实。

5 施工设备

5.0.1 工程钻机成孔时，设备宜按表 1，根据成孔直径、深度和土层条件等选用。

表 1 工程钻机成孔设备选用表

<table>
<tr><td>成孔设备型号 \ 孔深(m) \ 孔径(mm)</td><td>40</td><td>50</td><td>60</td><td>70</td><td>80</td><td>90</td><td>100</td></tr>
<tr><td>600</td><td colspan="2" rowspan="3">GPS10 型</td><td colspan="2" rowspan="3">GPS15 型</td><td colspan="3" rowspan="6">GPS20 型</td></tr>
<tr><td>700</td></tr>
<tr><td>800</td></tr>
<tr><td>900</td><td colspan="3" rowspan="2"></td><td rowspan="2"></td></tr>
<tr><td>1 000</td></tr>
<tr><td>1 200</td><td colspan="4"></td></tr>
</table>

注：1. 土层较硬时宜按表中所列设备的高一档规格选用。
2. 直径超过 1 000 mm 的支护桩施工设备选型按照沪建交(2012)645 号文执行。

5.0.3 旋挖机成孔时，设备宜按表 2，根据施工场地条件、成孔直径、深度、土层条件等选用。

表 2 旋挖钻机成孔设备选用表

参数	动力头输出扭矩(kN·m)	成孔直径(mm)	成孔深度(m)
大型	200～450	1 500～3 000	65～110
中型	120～220	1 000～2 200	50～65
小型	120 以下	600～1 800	40～50

5.0.5 旋挖机成孔钻头宜根据地质情况选用。

1 黏土:可选用单层底的旋挖钻斗,如果直径偏小可采用两瓣斗或带卸土板的钻斗。

2 淤泥、黏性不强土层、砂土、胶结较差粒径较小的卵石层,可配用双层底的钻挖钻斗。

3 硬胶泥:可选用单进土口的(单双底皆可)旋挖钻斗,或斗齿直螺。

4 冻土层:含冰量少的,可用斗齿直形螺钻斗和旋挖钻斗;含冰量大的,可用锥形螺旋钻头。需要说明的是,螺旋钻头用于土层(除淤泥外)皆有效,但一定要在没有地下水的情况下使用,以免产生抽吸作用造成卡死。

5 胶结好的卵砾石和强风化岩石:可选用配备锥形螺旋钻头和双层底的旋挖钻斗(粒径较大的用单口,粒径小的用双口)。

6 中风基岩:可选用配备截齿筒式取心钻头—锥形螺旋钻头—双层底的旋挖钻斗,或者截齿直形螺旋钻头—双层底的旋挖钻斗。

7 微风化基岩:可选用配备牙轮筒式取心钻头—锥形螺旋钻头—双层底的旋挖钻斗;如果直径偏大,还要采取分级钻进工艺。

5.0.7 除砂设备应根据地质报告中砂砾的粒径选择过滤网的目数。目数越大,说明物料粒度越细;目数越小,说明物料细度越大。筛分粒度就是颗粒可以通过筛网的筛孔尺寸,以1英寸(25.4 mm)宽度的筛网内的筛孔数表示,因而称之为目数。

表3 滤网目数与孔径比对表

目数	孔径(mm)	目数	孔径(mm)	目数	孔径(mm)
2目	12.5	6目	4	14目	1.43
3目	8	8目	3	16目	1.25
4目	6	10目	2	18目	1
5目	5	12目	1.6	20目	0.8

续表3

目数	孔径(mm)	目数	孔径(mm)	目数	孔径(mm)
24 目	0.9	90 目	0.16	300 目	0.050
26 目	0.71	100 目	0.154	320 目	0.045
28 目	0.68	110 目	0.15	325 目	0.043
30 目	0.6	120 目	0.125	340 目	0.041
32 目	0.58	130 目	0.112	360 目	0.040
35 目	0.50	140 目	0.105	400 目	0.0385
40 目	0.45	150 目	0.100	500 目	0.0308
45 目	0.4	160 目	0.096	600 目	0.026
50 目	0.355	180 目	0.09	800 目	0.022
55 目	0.315	190 目	0.08	900 目	0.020
60 目	0.28	200 目	0.074	1 000 目	0.015
65 目	0.25	220 目	0.065	1 800 目	0.010
70 目	0.224	240 目	0.063	2 000 目	0.008
75 目	0.2	250 目	0.061	2 300 目	0.005
80 目	0.18	280 目	0.055	2 800 目	0.003

6 成孔

6.1 一般规定

6.1.1 本条是成孔工艺选择的规定。目前上海地区主要有正循环成孔和反循环成孔两种，每种工艺各有特点，选择何种工艺应因地制宜。根据成孔工艺的选择，对试成孔的要求和数量都作了规定。

6.1.4 本条是对成孔允许偏差及控制方法的规定。

1 孔径：支护桩偏差控制比基础桩严，主要考虑偏差过大对邻桩的施工影响。

2 垂直度偏差：按现行国家标准《建筑地基基础施工质量验收标准》GB 50202 和现行行业标准《建筑桩基技术规范》JGJ 94 的规定。目前上海地区 70 m 以上的桩已很普遍，这类桩若按 1/100 要求控制其垂直度，邻桩若相向偏差，且考虑孔径扩径，极有可能孔底会碰桩。建议这类桩垂直度偏差可按 0.7%从严控制。支护桩考虑对邻桩和基坑边线的影响，也应适当从严控制。

3 孔深：按现行国家标准《建筑地基基础施工质量验收标准》GB 50202 的规定。

4 桩位：与现行国家标准《建筑地基基础施工质量验收标准》GB 50202 和现行行业标准《建筑桩基技术规范》JGJ 94 相比，增加了支护桩允许偏差的规定。

6.1.5 本条强调了成孔成桩的连续性。成孔过程和成孔后后道工序间隔时间过长会影响孔壁稳定或泥皮过厚对成桩质量都会产生不利影响。成孔后与下道工序间隔时间的定量值，是根据孔壁静态稳定测试结果而确定的。对于大直径或后道工序作业时间较长的钻孔灌注桩，若时间间隔超过 24 h，应进行孔壁静态稳定测试，并根据测试结果，确定其时间间隔。

6.1.6 本条是邻桩施工间距或时间间隔的规定。规定的目的是为了防止窜桩，使混凝土已灌注完毕的桩桩身免受破坏。施工安全间距规定考虑了桩径、扩径和垂直度等因素的叠加影响，在此基础上考虑一定的安全度，故规定为 4 倍桩径；时间间隔规定为 36 h，主要考虑在此时间内桩身混凝土已凝固。施工安全间距和时间间隔二者只需满足其中一项规定即可。

6.2 泥浆制备

6.2.1 上海地区地层黏性土含量较高，造浆性能较好，适宜原土造浆。原土造浆特点是造浆的技术要求低，不需专门调配泥浆，施工费用低，且能满足短期成孔护壁的要求。目前上海地区钻孔灌注桩施工均采用原土造浆。因此，根据上海地区的施工经验，本标准建议可采用原土造浆的方法。另外，上海地区钻孔灌注桩趋长趋深，穿透第⑦层土，进入第⑨层土，这层土含砂高、造浆性能较弱，特别是第⑧层土缺失的情况下，对于这类土层必要时可采用或部分采用人工造浆。

6.2.3 本条是对注入孔口泥浆指标的规定。

6.2.4 本条系对成孔过程泥浆护壁和泥浆指标控制的要求。

1 在成孔中保持泥浆液面高度和适度控制泥浆指标对于孔壁稳定和成孔质量都非常重要。

2 泥浆保持一定稠度对孔壁稳定有利，但泥浆过稠会影响成桩质量。另外，还会影响成孔速度，对后期清孔也不利。因此，在成孔中应及时排出多余的超标泥浆，稀释泥浆使其保持在适当的指标内。

6.3 回转钻机成孔

6.3.1 本条对正循环成孔的钻进参数提出了控制的范围。钻压、转速、泵量各项参数是相互匹配的，因此在钻进中，应根据土层、桩径及钻机性能等合理选用和控制钻进参数，保证钻进顺利和成孔质量。

7 清 孔

7.1 一般规定

7.1.1 本标准明确规定清孔必须采用二次清孔。其原因,一是成孔的护壁泥浆一般均采用原土自然造浆,泥浆的稳定性较低。因此,当孔内泥浆一旦停止循环,泥浆中悬浮颗粒会在短时间内下沉造成沉淀。而根据成孔成桩的工艺流程,当成孔完毕第一次清孔结束至灌注混凝土前,中间还要进行钻具提拆、安放钢筋笼和下导管等数道工序,其所需时间少则 2 h~3 h,多则 4 h~5 h,甚至更长。在这么长的时间内孔内泥浆中悬浮的颗粒势必会下沉而使孔底沉淤厚度增大。二是在提拆钻具下放钢筋笼、下导管过程中,难免会碰擦孔壁,使孔壁上的泥皮刮落孔底。因此,在灌注混凝土前必须再进行一次清孔。

7.1.2 本条是清孔方法及其选用的规定。清孔方法有正循环清孔、泵吸反循环清孔和气举反循环清孔。清孔方法一般与成孔工艺是匹配的。采用正循环成孔的,其清孔也采用正循环清孔;采用泵吸反循环成孔的,也采用泵吸反循环清孔。当正循环清孔泵量不足,泥浆上泛速度不能满足要求时,可采用泵吸反循环清孔或气举反循环清孔。

7.1.3 本条对清孔后的泥浆指标和孔底沉淤厚度的允许值及检测方法作了规定。

1 对泥浆密度指标控制进行了细分。孔深<60 m 的桩仍规定泥浆密度≤1.15;孔深≥60 m 的桩适当放宽,规定泥浆密度≤1.20。其原因在于,孔深达到 60 m 的桩,一般已穿过第⑦层

土，进入第⑨层土，由于这两层土为砂性土，自然造浆的泥浆含砂率很难达到较理想的指标，在规定使用除砂设备除砂的前提下，考虑泥浆各指标间的协调，对泥浆密度作适当提高。

2 明确强调了泥浆的密度和黏度指标的协调。更明确各项指标必须兼顾，当泥浆黏度已达下限，泥浆密度仍不达标时，须通过除砂或控制掺入泥浆来调整指标，延长循环时间，以保证泥浆密度符合规定。

3 上海地区一般为摩擦桩，故承重桩按现行国家标准《建筑地基基础施工质量验收标准》GB 50202 的摩擦桩沉渣厚度允许值取用，支护桩按现行行业标准《建筑桩基技术规范》JGJ 94 的抗拔、抗水平力桩的沉渣厚度允许值取用。

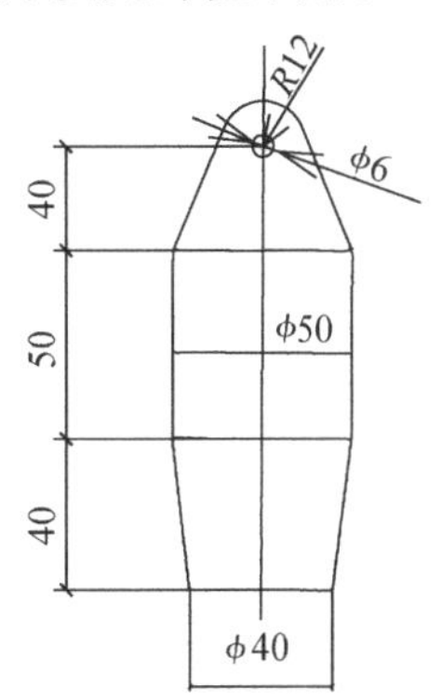

图 1　测锤外形图(mm)

7.1.4　二次清孔完成后，若遇灌注混凝土间隔时间过长，孔内沉淤仍会重新积聚，因此规定清孔完成至混凝土灌注的时间间隔不超过 30 min。若超过，则必须重新检测孔底沉渣，并按检测结果确定重新清孔达标。

7.2　正循环清孔

7.2.1　本条是正循环第一次清孔的规定。本条强调第一次清孔应保持足够时间。有一种误解，认为有二次清孔，第一次清孔不必太充分。其实，二次清孔其作用是不相同的，第一次清孔的目的是通过清孔将成孔过程的超标泥浆充分置换，清孔后的泥浆指标基本达到表 7.1.3 的规定。因此，第一次清孔是很重要的，清孔充分有利于第二次清孔和整个清孔的效果。而第二次清孔是对在第一次清孔至下完导管后期间孔内泥浆的新沉淀物进行置换或上泛，保证孔底附近的泥浆指标及沉渣厚度在规定的范围内。

7.3 反循环清孔

本节对反循环清孔作业的要点作了规定。

8　钢筋笼施工

8.1　钢筋原材料

本节是钢筋的选用、验收、储存的规定。

8.2　钢筋笼制作

8.2.1　钢筋笼的制作应符合下列规定：

1　钢筋笼现场制作，制作前应将钢筋校直，清除钢筋表面污垢、锈蚀等。钢筋应采用钢筋切断机或砂轮锯下料，并应准确控制下料长度。钢筋笼工厂模块化预制应采用数控设备加工。

2　钢筋笼现场制作应采用环型模制作。

3　钢筋笼宜工厂模块化预制。钢筋笼工厂模块化预制，应根据图纸及钢筋笼成型后方便脱离胎架等因素，设计钢筋绑扎胎架，胎架应采用槽钢作为主要受力骨架，并应在槽钢上安装可拆卸的定位钢板，胎架使用前应进行验收。主筋应逐根放置在绑扎胎架上，主筋与加强筋、箍筋应采用焊接点焊固定，形成具有一定刚度的整体钢筋模块，完成制作后，应对胎架上的定位钢板进行拆除，并应采用起吊设备吊离胎架、放至存放区，再恢复胎架定位钢板进行下一个钢筋模块施工。

4　钢筋笼主筋的最小净距不宜小于 80 mm。

5　钢筋笼主筋上应设保护层垫块，设置数量每节钢筋笼不应少于 2 组，长度大于 12 m 的，中间应增设 1 组。每组块数不得少于 3 块，且应均匀地分布在同一截面上。保护层垫块可采用混凝土块,也可采用扁钢定位环。

6 成型的钢筋笼应平卧堆放在平整干净的地坪上,堆放层数不应超过2层。

7 钢筋笼制作完毕安装前,应进行隐蔽验收,并做好验收记录。

8.3 钢筋笼运输

本节是钢筋笼运输的规定。

8.4 钢筋笼安装

本节是对钢筋笼安装的规定,包括中间验收、起吊和搬运、安装和固定。关于钢筋笼起吊吊点,条文所指的可靠部位一般可设在加强箍筋部位。对于自重较大的钢筋笼,起吊吊点应经计算确定。

9 混凝土施工

9.2 原材料

9.2.1 本条是对水泥选用的规定。钻孔灌注桩采用的是导管法灌注水下混凝土，其工艺特性要求坍落度大，流动性及和易性好，且缓凝时间长，因此对混凝土的胶凝料的选用有一定要求。本条推荐了几类水泥品种，不推荐使用快硬型水泥。快硬型水泥由于其速凝的特性，不适合作水下混凝土的胶凝料，故规定严禁使用。

9.2.2 本条是对粗骨料选用的规定。对最大粒径的规定，主要考虑混凝土在灌注中能顺畅地通过钢筋笼主筋间距。5 mm～25 mm 小粒径的连续的粗骨料，骨料间空隙比较小，在同样条件下拌制的混凝土不易离析，可保证水下混凝土的大流动性及和易性，故推荐选用。

9.2.3 本条是对细骨料选用的规定。

9.3 混凝土配合比

本节是对混凝土配合比的规定。与普通混凝土相比，水下混凝土配合比必须强调试件的混凝土强度应比设计桩身强度提高一级。当设计图纸未注明水下混凝土强度时，试配时应提高一级；当设计图纸注明水下混凝土强度时，按水下混凝土强度配置，不需提高。按《钻孔灌注桩施工规程》DG/TJ 08—202—2007 的规定，水下混凝土强度等级宜为水下 C30～C35，不宜超过水下 C40，而实际上现在设计取用的水下混凝土的设计强度等级很多大于水下 C40，故本条作了相应的说明；对混凝土初凝时间作了定量规定；对胶凝材料用量也作了定量规定；对粗、细骨料作了定量规定。

9.4 混凝土灌注

9.4.3 本条是灌注混凝土用导管的规定。需特别强调两点：一是导管管径与桩径的匹配。桩径小、管径过大，易造成导管、钢筋笼上拱现象；桩径大、管径过小，会延长混凝土灌注时间。目前较多的现象是大、小桩径一律采用内径 250 mm 导管。因此，对导管管径与桩径的匹配作了规定。二是导管壁厚定量规定，主要是为防止导管壁凹凸变形，影响隔水塞顺畅通过。

9.4.4 本条是灌注混凝土用灌斗的规定。现在有的施工单位采用灌斗容积明显偏小。尽管采用商品混凝土后，供料的连续性增加，但为防止操作动作不连续，灌斗的容量还应满足初灌量的要求。

9.4.5 本条是灌注初灌混凝土用隔水塞的规定。目前，隔水塞使用不规范现象比较多，有的用砂包，有的用排球胆或翻板。这些不规范现象会影响桩身混凝土质量。采用砂包是明显不规范的，砂包沉入桩底会夹在下部桩身中，造成夹砂；采用排球胆，由于桩孔与钢筋笼、钢筋笼与导管的间隙较小，不能保证球胆全部浮出混凝土面，一旦不能浮出，势必造成空洞；采用翻板，若控制不当，在初灌混凝土量还未达到计算值时，翻板就转动，会造成混凝土初灌量控制失效。因此，本标准仍推荐采用混凝土隔水塞，并根据桩身混凝土强度等级增大趋势，其强度等级调整为 C30。

9.4.6 本条是对混凝土灌注前准备工作的规定。

1 本款是混凝土灌注中导管埋入深度的规定。在水下灌注混凝土，导管埋入深浅对灌注能否顺利进行从而保证成桩质量至关重要。导管埋入过浅，会发生操作稍一疏忽将导管拔出混凝土面情况，或因孔深压力差大，导管埋入浅可能发生新灌入混凝土冲翻顶面，而造成夹泥甚至断桩事故。导管埋入过深，会发生顶升阻力大而产生局部涡流造成夹泥，或因混凝土出管上泛阻力大，上部混凝土长时间不流动而造成灌注不畅或其他质量问题。另外，导管埋入深度的规定还应考虑施工的操作性。故本标准规定导管埋深 3 m～10 m 为宜。在实际操作中，可按不同桩径来控制。小于ϕ800 的桩，导管埋深 3 m～10 m 为宜；ϕ800 ～ϕ1 000 的桩，导管埋深 3 m～8 m 为宜；大于ϕ1 200 的桩，导管埋深 3 m～6 m 为宜。

9.4.7 本条是对初灌混凝土的规定。初灌混凝土是水下混凝土施工的重要环节，其作用是通过积聚一定量的混凝土所储的势能，将导管内的泥浆压出，实现封底，并须保证防止封底后导管外泥浆在压力作用下侵入混凝土内。初灌混凝土及数量控制是非常重要的，故作此规定。

10 后注浆施工

桩端后注浆是钻孔灌注桩的辅助工法，旨在通过桩底后注浆固化桩底沉淤，加固桩底周围的土体，以提高桩的承载力，减小桩基沉降，增强桩基质量稳定性。

根据注浆位置不同，后注浆灌注桩可分为桩端后注浆灌注桩、桩侧后注浆灌注桩和桩端桩侧联合后注浆灌注桩三种。桩端后注浆灌注桩又可分为封闭式和开放式两种。封闭式注浆是对桩端下面设置的注浆室进行注浆，注浆加固有相对明确的边界；开放式注浆是通过注浆管对桩端土体直接注浆，注浆加固范围比较模糊，但注浆工艺、设备简单，便于操作。目前上海地区工程应用主要是开放式桩端后注浆灌注桩。

桩端后注浆技术对提高灌注桩的竖向承载力和减小离散性效果显著，尤其是对桩端进入密实粉土层和粉细砂层较深的桩。桩端后注浆灌注桩虽然使沉渣问题得到一定程度的解决，但对桩端后注浆灌注桩仍应按照常规灌注桩要求严格控制沉渣厚度。此外，桩端后注浆灌注桩的地基土极限支承力的确定，必须以静载荷试验结果为依据，而不宜直接以预估方法得到的结果作为最终设计依据。

10.1 一般规定

10.1.1 本条对注浆浆液的制备作了规定。其中浆液水灰比的规定，兼顾注浆施工的可注性和注浆的有效性。水灰比过大会影响注浆的有效性，过小影响其施工可注性。根据工程实践，上海地区土层水灰比为0.55～0.6。另外，添加适量的外加剂和浆液的细化或过滤均可提高浆液的可注性。

10.1.2 注浆管设置应符合下列规定：

桩端后注浆导管及注浆阀数量宜根据桩径大小设置。对于直径不大于 1 200 mm 的桩，宜沿钢筋笼圆周对称设置 2 根；对于直径大于 1 200 mm 但不大于 2 500 mm 的桩，宜对称设置 3 根。

10.2 桩端后注浆施工

10.2.1 注浆阀承压能力应大于 1 MPa。桩端后注浆导管及注浆阀数量宜根据桩径大小设置。对于直径不大于 1 200 mm 的桩，宜沿钢筋笼圆周对称设置 2 根；对于直径大于 1 200 mm 但不大于 2 500 mm 的桩，宜对称设置 3 根。

11　扩底桩施工

11.1　一般规定

11.1.1　扩底钻孔灌注桩是在钻孔灌注桩的基础上，在桩的底部成孔时采用扩孔钻具，依靠钻具的扩孔刀展开，扩孔钻进形成楔形的桩底端。

目前上海地区钻孔扩底灌注桩主要用于抗拔桩，其抗拔承载力较常规等截面灌注桩有显著提高。现有上海地区静载荷对比试验资料分析表明，扩底抗拔桩的极限承载力与常规等截面桩相比，提高幅度为33%～62%，且材料增加少，经济性明显优于常规的等截面桩。随着近几年超高层建筑、大跨结构的发展，桩基承载力要求越来越高，大直径扩底的承压桩也逐步得到应用。

11.1.2　对扩底段形状的关键控制指标进行了规定。

受土层和施工工艺的影响，当前采用的扩底灌注桩的扩底端呈圆锥台状。扩底直径是影响扩底桩承载力的关键要素，主要涉及扩底部的高度 H 和倾斜角度 θ 两个需要严格控制的设计指标。从理论角度，在一定的扩底部高度 H 范围内，倾斜角度 θ 越大，扩底直径越大，其提高承载力的幅度越大。但从施工角度，当倾斜角度 θ 太大时，扩孔容易坍塌、孔壁稳定性不易保证。在保证合理的倾斜角度 θ，通过加大扩底部高度来达到增加扩底直径时，混凝土方量增加较大，经济性优势降低，相应地对扩底机具和设备的性能提出了更高的要求。

根据上海地区已有课题研究成果和已有工程经验，从扩孔孔壁稳定性和满足扩大部分抗剪要求，整个扩底段具有小倾斜角的特点，锥台面倾斜角度不宜大于 12°，从保证一定的扩底效率来说，倾斜角度不宜小于 8°，相对于国内其他地区而言，扩底的倾斜角度较小。在这种倾斜角度下，对于常规的桩身直径 500 mm～1 000 mm，将扩底段直径 D 控制在桩身直径 d 的 2 倍左右时，扩大段的高度 H 为 1.5 m～2.5 m，也在合理的范围。从抗拔承载力来说，这种小倾斜角的扩底桩可通过扩大头的“锁卡”效应增加圆锥面上的侧摩阻力和竖向压力而大幅提高承载力。从承压桩来说，当扩底直径 D 为桩身直径 d 的 2 倍时，桩端面积为原来的 4 倍，桩端阻力也随之大幅提高。对于桩身直径大于 1 000 mm 的桩，为了减小扩大段的高度 H 和施工难度，将扩底直径 D 与桩身直径 d 的比值控制在 1.6～2.0，直径大时取小值。

从已有资料和工程经验来看，上海地区扩底桩在⑤$_1$层灰色粉质黏土、⑤$_3$层灰色粉质黏土、⑥层暗绿色黏土、⑦层砂质粉土都有成功扩底的实例，基本上包括了常规扩底抗拔桩的主要扩底持力层。上海世博地下变电站工程，实现了在⑨$_1$层中砂层扩底的扩底抗拔桩的施工，但其工效、保证措施、检测手段等愈加复杂。扩底桩在⑦$_2$层、⑨$_1$层砂层中进行扩底尚需结合相关的试验与工程实践进一步摸索出一套相对稳定的施工工艺。为了充分发挥扩底端的作用，扩底端应进入除流塑软土和松散砂土外的相对较好土层，扩底起始位置宜在进入较好土层 $1D$～$3D$，且不小于 1 m。

扩底抗拔灌注桩桩端与普通抗拔灌注桩相比需承受较大的上拔力，因此在扩底抗拔灌注桩中纵向钢筋宜全长等截面设置。对于扩底承压桩，也应有部分钢筋通长设置至孔底。

11.1.3～11.1.4 对扩底成孔钻具选用作了规定。

由于上海浅部土层较软，加之地下水位较高，其他地区采用的诸如夯扩、爆扩、人工挖扩等扩孔方法不宜采用，机械扩孔成为较好的扩底施工方法。机械式扩孔机具根据动力传动系统的不同，可分为机械传动式和液压传动式；根据扩孔机具与土体的作用方式，可分为切削扩孔、旋挖扩孔、挤压扩孔等方式。

扩孔机具是利用各种连杆机构或液压机构驱动钻头在孔底伸出切削翼，使钻进的孔径大于上部钻孔孔径的装备。扩孔钻头一般应满足如下要求：装置简单，便于与钻杆连接；扩底施工完成后，机具能收拢拔出；扩孔钻头产生的扩底断面可与等截面段光滑连接，形成的扩底端形状应满足设计要求。

上海采用的机械传动式扩孔钻头是 21 世纪初研发的一种切削钻孔扩底机具。这种钻具工作原理是在钻进过程中，在钻压作用下，钻具底部的支承盘支承在地基上产生反作用力，使钻刀逐渐展开扩底成孔。其优点是能与常规的回转钻机配套使用，适用性强、经济性好。主要用于小直径的抗拔桩，桩身直径 d 一般为 400 mm～800 mm，扩底直径 D 为 800 mm～1 500 mm。桩长一般为 20 m～30 m，较深的桩也可达 50 m。因此，从扩底抗拔桩的经济性及这种机械扩孔钻头的结构和配套设备的能力来说，其扩底直径都不应太大，宜控制在 1 500 mm 以内，可满足大部分工程的建设需求。

近年来，旋挖施工工艺在钻孔灌注桩施工中应用越来越多。旋挖机具有工效快、成孔质量好、泥浆排放少等特点。基于旋挖钻机高功率、高扭矩等强大的设备施工能力，近年来开发了与之配套的液压传动式旋挖扩底机具与施工工艺，扩底的能力更强，还可通过电脑实现可视、可控施工，主要用于大直径扩底承压桩。根据目前的旋挖及扩底施工设备，桩身直径 d 为 700 mm～3 000 mm，最大扩底直径 D 相应为 1 200 mm～5 000 mm，即旋挖桩最小施工桩身直径 d 为 700 mm，此时最大扩底直径 D 为 1 200 mm。

11.1.5～11.1.6 与常规等截面桩相比，扩底桩施工工艺更加复杂，施工质量、扩底形状与扩底所处土层等都有较大的关系。因此，应强调试成孔的重要性及施工过程中的控制与检测。

1 试成孔

在进行扩底桩施工前，需进行非原位试成孔试验，验证扩底的可行性，初步确定泥浆比重和黏度、钻压、钻速等施工参数，试成孔的数量不少于2根。试成孔施工完成后应立即进行井径仪量测，同时根据成桩的时间情况，在成孔后一定时间段内对试成孔进行多次量测，以了解孔径尤其是扩底部分孔壁的稳定性情况。试成孔完成后应采用C20低标号混凝土封填，只有当试成孔孔深不涉及基坑工程施工期间的承压水抗突涌稳定性时，方可采用砂石料进行回填处理。

2 孔径检测

在灌注混凝土前应检测桩身孔径，确认扩底尺寸满足设计要求后方可成桩，检测数按总桩数的50%的比例进行，若不合格桩数超过3根，测试比例增加至100%。孔径采用井径仪进行检测。

3 施工前试桩

施工前先进行试桩和静载试验以确定抗拔承载力，数目应不少于3根。在试桩中宜对桩端变形和桩身轴力进行量测。在没有试桩结果前，可按现行上海市工程建设规范《地基基础设计标准》DGJ 08—11第7.2.10条经验公式初步估算扩底抗拔桩的极限承载力。

11.2 机械扩底施工

11.2.1～11.2.2 对扩底成孔钻具作了规定。

钻孔扩底灌注桩采用先钻孔后扩孔的工艺，等截面钻孔和底部扩孔分别采用不同的钻头。用普通钻头钻至设计桩端标高，增加一次预清孔，时间为20 min～30 min，以减少沉渣对扩底的不利影响。然后提杆、更换扩孔钻头后重新下杆，使扩孔钻头达到需扩孔位置。

上海工程界相关技术人员结合本地区的条件，研发出了伞形扩孔钻头。这种钻具工作原理是在钻进过程中，在钻压作用下，钻具底部的支承盘支承在地基上产生反作用力，使钻刀逐渐展开扩底成孔，如图2、图3所示。伞形扩孔钻头充分利用结构自重，通过巧妙的传动原理与简洁的构造形式，实现了扩大头刀片的扩展与合并，有着明显的优点，只在常规的钻孔工艺基础上增加换钻头的过程，工艺简单，可操作性和经济性较好。

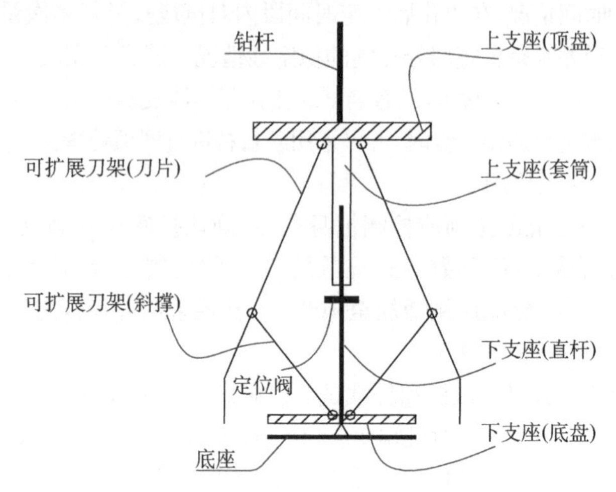

图 2　伞形扩孔钻头结构示意

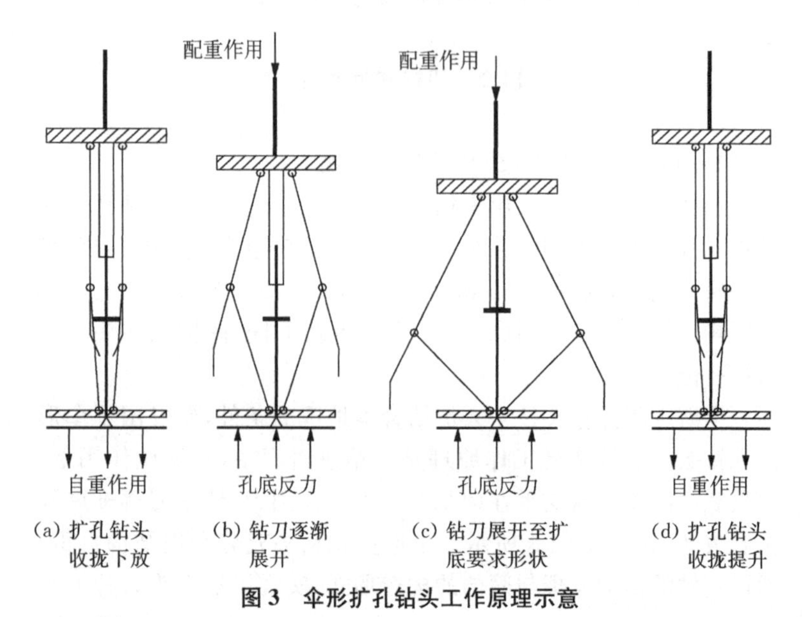

图 3　伞形扩孔钻头工作原理示意

扩孔钻头的构造与尺寸应保证其形成的扩底端能满足设计的要求。为了满足一定的经济性与可操作性，目前还没有一种适用于各种不同扩底形状与尺寸的通用钻头，往往需根据不同的扩底尺寸，定制相应规格的扩孔钻头。

11.2.3 即使采用了小倾斜角度的扩底抗拔桩，确保扩底形状的形成和保证孔壁稳定性，仍成为扩底施工工艺需首要关注的问题。在扩底过程中，应对钻压、钻速、泥浆等施工指标进行专项控制，保证扩底形状能满足设计要求。扩底时采用边扩边清孔的措施以减少沉渣。

11.2.4 桩身直径段成孔完毕至扩底段钻进完毕，时间间隔较长，泥浆中的悬浮颗粒会大量沉淀，另扩底成孔中也会产生新的颗粒，应增加一次清孔，故作此规定。

11.3 液压扩底施工

11.3.2～11.3.3 对采用液压式旋挖扩底机具与施工工艺作了规定。

旋挖扩底施工装备主要有履带式主机、伸缩钻杆、用于桩身等径部分成孔的旋挖钻斗、用于扩底施工的全液压扩孔钻头、智能控制系统等。切削挖掘机施工时，采用电脑管理及检测影像装置进行自动控制。首先用钻机按成孔桩径钻到设计深度，然后把扩底机下降到桩底端，打开扩大翼进行扩大切削挖掘作业。操作人员只需要按照设计要求预先输入电脑的扩底数据和形式进行操作(桩底端的深度及扩底部位形状、尺寸等数据和图像通过检测装置显示在操作室的监控器上)，扩底施工中的可视和可控程度高。

液压扩孔钻头一般由扩底刀头、刀头扩展油压千斤顶、导杆、主体壳体等部分组成。扩孔时，在液压趋动下整个扩底铲斗水平扩大进行旋转切削挖掘，将土体平分 2 份或 4 份进行切削挖掘，实施水平扩底。图 4 为 AM 旋挖扩底机头，桩身部分的桩径施工范围为 850 mm～3 000 mm，扩底直径的施工范围为 1 500 mm～5 000 mm，详见表 4。一般来说，扩底直径能扩大到桩身直径的约 1.8 倍。

图 4　AM 旋挖扩孔钻头

表 4　AM 扩底桩设计扩底直径表

等径桩直径 d(mm)	常规扩底直径 D(mm)	最大扩底直径 D(mm)	最大扩底直径扩底 高度 h_1(mm)
ϕ850	ϕ1 300	ϕ1 500	ϕ1 620
ϕ1 000	ϕ1 600	ϕ1 800	ϕ1 900
ϕ1 200	ϕ1 800	ϕ2 000	ϕ2 280
ϕ1 300	ϕ1 900	ϕ2 300	ϕ2 480
ϕ1 500	ϕ2 300	ϕ2 500	ϕ2 860
ϕ1 600	ϕ2 500	ϕ3 100	ϕ3 050
ϕ1 800	ϕ3 000	ϕ3 600	ϕ3 430
ϕ2 000	ϕ3 200	ϕ3 800	ϕ3 810
ϕ2 200	ϕ3 800	ϕ4 100	ϕ4 190
ϕ2 500	ϕ4 000	ϕ4 300	ϕ4 760
ϕ3 000	ϕ4 500	ϕ5 000	ϕ5 170

11.3.4 预清孔通常采用带挡板筒式钻斗，用于初步清除孔底块体或粗颗粒沉渣。

11.3.5～11.3.6 由于扩底后端部尺寸(图 5)较大，且孔壁稳定性要求高，通常采用泵吸反循环进行二次清孔，对清渣泵的要求较常规桩基要高，往往配备专用的清渣泵。工程实践表明，清渣工艺对承压桩的承载力影响显著，应控制泵吸量、悬泵高度、泵吸时间等工艺参数。

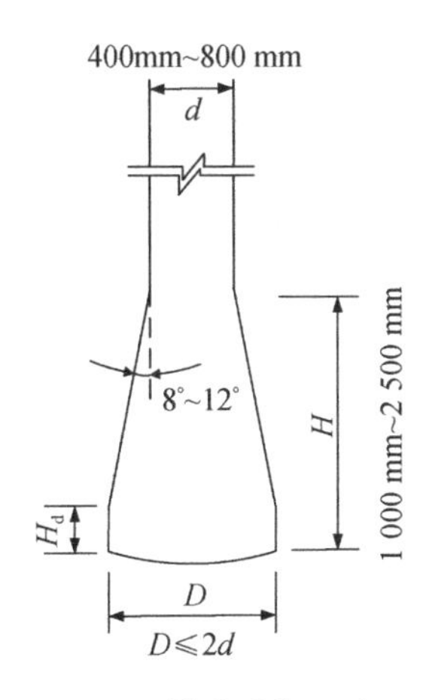

图 5　扩底端部尺寸

12 立柱桩施工

12.1 一般规定

12.1.1 立柱桩施工是指上部柱子根部嵌固于下部桩顶部的桩，桩和柱在施工中一次施工成型的施工方法。这种施工方法的特点是嵌固于桩顶的柱子不必在桩基开挖后再进行施工。根据使用功能的不同，立柱桩分为用于支承水平支撑的立柱桩和临时支承与结构支柱兼用的立柱桩。

这种施工方法与普通钻孔灌注桩相比，其特殊性表现在：一是桩基定位和垂直度控制要求高。由于桩和柱施工允许偏差不在一个数量级上，为了保证立柱的施工质量，立柱桩施工允许偏差控制须适合立柱的要求，从而使桩基控制要求大大提高。二是钢管混凝土柱的桩柱一体施工时，一般桩身和柱身采用不同强度等级的混凝土，因此在一次成形施工中，混凝土灌注要求也比较特殊。

12.2 支撑立柱桩施工

12.2.2 本条是对支撑立柱桩与立柱施工精度要求的规定。定位的要求是按位移允许偏差的要求控制的。

钻孔与下道工序施工采用多种设备时，宜采用辅助底盘进行钻机等设备定位。施工时，先进行辅助底盘安装定位，并与埋件焊接固定。然后钻机等设备支承在辅助底盘上，采用限位、螺栓进行定位、校正并与辅助底盘固定。辅助底盘应有足够的刚度。

12.3 桩柱一体施工

12.3.1 本条是对临时支承与结构支柱兼用的立柱桩定位和校正的规定。由于一般柱子垂直度偏差要求 1/1 000，而桩基的垂直度偏差为 1/100，二者相差 10 倍。考虑到既要满足施工精度要求，又要兼顾可操作性，近年来的施工和设计中，一般采用适当提高桩基成孔垂直度偏差（不宜大于 1/200），适当放宽钢柱的垂直度偏差（不大于 1/300）的方法解决此问题，在实践中取得了较好的效果。

立柱插入立柱桩部分需要一定的调垂空间。当立柱与立柱桩钢筋笼主筋间净间距不满足 150 mm 时，采取桩顶部变截面的措施。

12.3.3 先插法立柱内混凝土与桩混凝土采用不同强度等级时，灌注的施工控制至关重要。应控制不同强度等级混凝土的施工交界面标高，并应根据施工能力及工程需要采取措施控制立柱外部混凝土的上升高度。

13 水上钻孔灌注桩

13.0.1 本条规定了水上钻孔灌注桩施工。其作业场地的施工方法选择的有关规定如下：

1 围堰适用于近岸水流较慢的浅水水域。围堰主要有土围堰、土袋围堰、木(竹)笼围堰等。围堰施工的一般要求：围堰外形应考虑河流断面被挤缩后流速增大，引起水流对围堰、河床的集中冲刷及影响通航、导流等因素；围堰断面应满足堰体强度和稳定性要求；堰顶宜高出水上施工期间可能出现的最高水位0.5 m～0.7 m，在风浪区还应增加一定高度，以防风浪将海水打入围堰内；围堰材料宜用松散的黏土或亚黏土，并应夯实。木笼围堰的木笼中间可抛填石块；土围堰外坡应有防冲刷设施；围堰宜在枯水期施工。

筑岛适用于水流较慢的中深水域。筑岛施工的一般要求：岛基应是坚硬密实的土层，如有淤泥等软土应挖出换填；岛面地基承载力应满足施工设计的要求；岛面标高宜高出施工期间最高水位0.5 m～0.7 m；岛的边坡的坡面和坡脚应满足稳定和抗冲刷的要求，临水面坡度宜为1∶2～1∶3；筑岛材料宜采用透水性好、易于压实的砂类土和砾石等。

2 施工平台适用于流速较大、水位、潮汐变化频繁、落差较大的深水水域。施工平台有固定式平台和浮动式平台。施工平台建造的一般要求：施工平台的吨位应根据施工荷载、施工期间可能的最大起拔力和水流风浪冲击等因素确定，安全系数不小于1.5；施工平台的面积应根据必须设置的设备和堆放的物资所需确定，不宜过大；施工平台应安装可靠，稳定性好，固定式平台宜采用桩基定位固定，浮动式平台宜采用锚泊定位固定。为增加平台的稳定性,可向平台内灌水或放置石块。浮式平台一般用于静水中较为适宜,水流速度过大、水位变化频繁均会对平台的稳定和准确定位造成不利影响,故在这些水域中不应采用浮式平台。

13.0.2 本条规定了水域施工的护筒选用和埋设相关内容:

1 护筒亦可采用钢筋混凝土护筒,但与钢护筒相比,其使用效果和成本均不如钢护筒,故规定护筒宜采用钢板卷制。护筒内径的大小与钻头在桩孔内的摆动程度有关,条文规定护筒内径应大于桩径至少 200 mm ,是在一般情况下的最低要求,实际施工时可酌情增大。护筒的壁厚与护筒的直径大小、入土的深度和方式有关,因此在确定壁厚时应区别对待。

3 在水中设置护筒时,其定位的准确性较陆地上差,施工难度亦较大,故规定其在平面位置上的偏差可适当放宽。深水区域水下有厚层低强度松软土层时,护筒埋设深度应经孔壁稳定性计算确定。采用挖坑埋设法设置护筒时,护筒的底部和外侧四周如填压不实,很容易在施工过程中造成穿孔,故应采用不透水的粘质土回填并分层夯实。

4 在潮位涨落较大的河流和有承压地下水的地区,其水位高涨时,将使护筒内水头不足,而导致孔壁坍塌,故条文规定应保持孔内的的水头高度。

5 护筒顶的高程主要与施工期间的最高水位有关,因此应按施工期最高水位再加上安全高度来确定,对有波浪的水域,尚应考虑波浪的高度。孔内有承压水时,护筒顶高程应按稳定后的承压水位考虑,否则容易造成饵孔。

13.0.3 泥浆的性能可通过现场试验确定,不宜硬性规定指标,但应与钻孔方法和土层情况相适应。泥皮的厚薄与失水量大小有很大关系。泥浆失水量小者,泥皮薄而致密,有利于巩固孔壁;失水量大者,易形成厚泥皮,在泥(页)岩地层易造成地层软化膨胀,产生缩颈或坍孔。

14 检测与验收

14.1 一般规定

14.1.1 基坑工程围护桩、立柱桩(不包括桩柱一体化立柱桩)可不进行单桩承载力检测。基桩的单桩承载力包括竖向抗压承载力、竖向抗拔承载力及水平承载力,应根据实际情况选取检测项目。

14.4 施工后检验

14.4.3 混凝土预留试件要求应符合本标准第 9 章的有关要求。桩基工程试验桩承载力应全部采用静载试验进行检测,高应变法仅能作为单桩竖向抗压承载力检测的辅助方法。

14.4.6～14.4.7 适用于建筑工程基桩和支护桩的桩身质量检测,对于市政、公路及港口工程,桩身质量检测比例应按相关规定执行。

14.4.8～14.4.9 适用于建筑工程单桩承载力检测,对于市政、公路及港口工程,单桩承载力检测应按相关规定执行。

14.5 验　收

14.5.2 对于基坑工程钻孔灌注桩,可不提交单桩承载力检测报告。